小型植物粉碎机

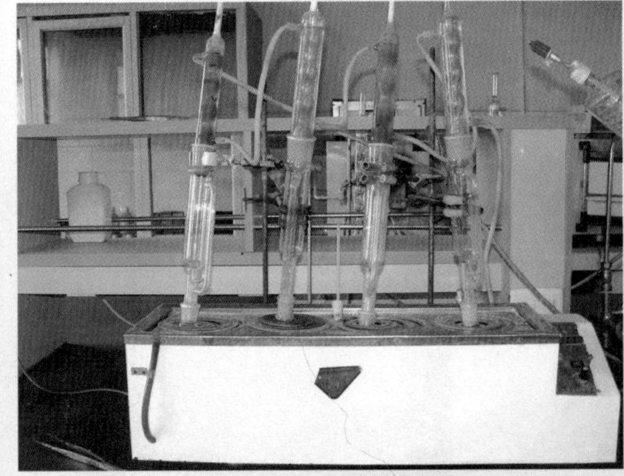

脂肪提取装置

紫外－可见分光光度计

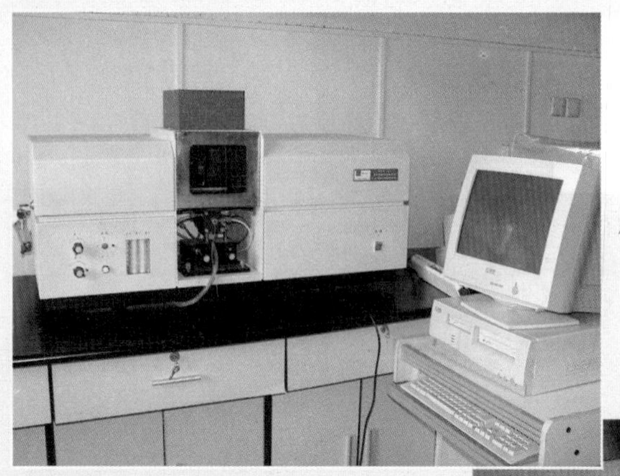

原子吸收光谱仪

索氏脂肪提取器

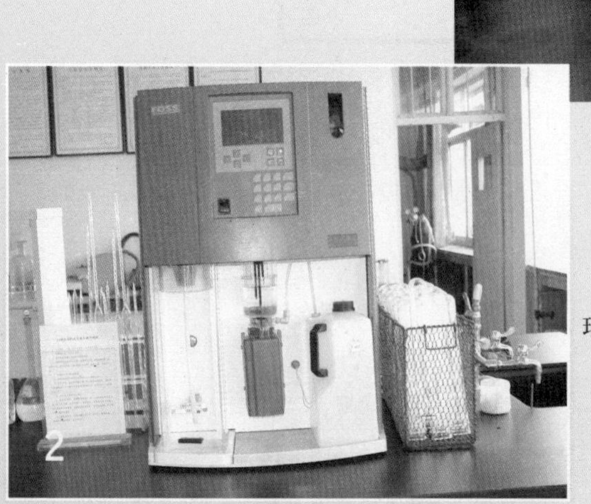

瑞典托卡托公司全自动定氮仪

倾斜式万能粉碎机

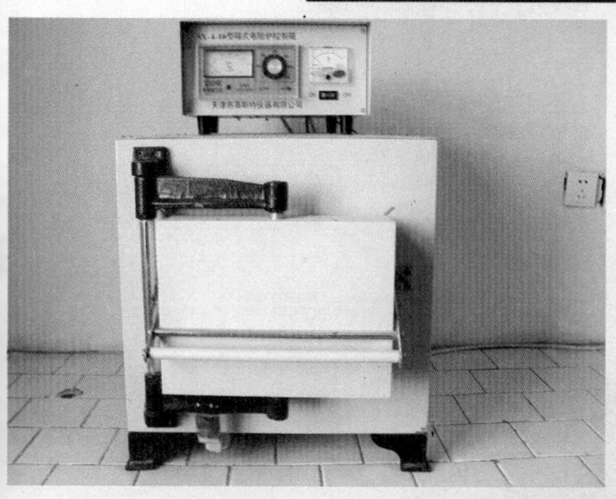

高温炉

电子天平

美国WATERS公司2690型高压液相色谱仪

凯氏半微量定氮装置

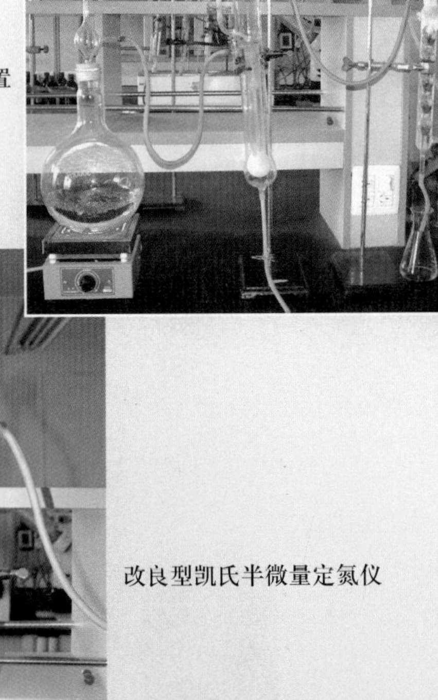

改良型凯氏半微量定氮仪

配合饲料质量控制与鉴别

编著者

郭金玲　唐桂芬

程　伟　李　瑛

金　盾　出　版　社

内 容 提 要

本书由郑州牧业工程高等专科学校动物营养与饲料加工专家编著。内容包括:饲料营养与检验基本知识,配合饲料常用原料的质量控制,饲料添加剂的质量控制,配合饲料生产过程的质量控制,配合饲料产品的质量控制。本书内容详尽,由浅入深,具有可操作性,适合饲料企业的员工和广大养殖者阅读。

图书在版编目(CIP)数据

配合饲料质量控制与鉴别/郭金玲等编著.—北京:金盾出版社,2007.3
ISBN 978-7-5082-4381-8

Ⅰ.配… Ⅱ.郭… Ⅲ.配合饲料-质量控制 Ⅳ.S816.8

中国版本图书馆 CIP 数据核字(2007)第 019481 号

金盾出版社出版、总发行
北京太平路 5 号(地铁万寿路站往南)
邮政编码:100036 电话:68214039 83219215
传真:68276683 网址:www.jdcbs.cn
彩色印刷:北京印刷一厂
黑白印刷:北京金星剑印刷有限公司
装订:桃园装订厂
各地新华书店经销
开本:787×1092 1/32 印张:9 彩页:4 字数:196 千字
2009 年 2 月第 1 版第 3 次印刷
印数:16001—27000 册 定价:14.00 元

(凡购买金盾出版社的图书,如有缺页、
倒页、脱页者,本社发行部负责调换)

目　录

第一章　饲料营养与检验基本知识

第一节　饲料营养基本知识

一、饲料中的营养物质概述

动物为了生存、生长、繁衍后代和生产，必须采食食物，动物的食物称为饲料。所有能被动物采食、消化、吸收利用并对动物无毒无害的物质，都可作为饲料。饲料中能被动物用来维持生命、生产畜产品的物质称为营养物质，俗称养分，也称营养素。养分可以是简单的化学元素，如钙、磷、钾、镁、钠、氯、硫、铜、铁、锰、锌、硒、碘、钴等，也可以是复杂的化合物，如蛋白质、脂肪、碳水化合物和各种维生素（图 1-1）。

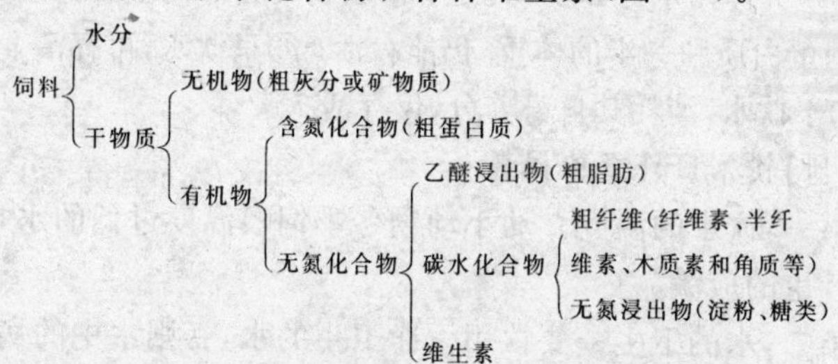

图 1-1　饲料概略养分与饲料组成关系

二、水

（一）概述　水是动物体的重要组成成分，是一切养分和代谢废物的溶剂。机体缺乏充足的水分，营养物质就不能被溶解吸收和利用，废物也不能被排出，生命将停止。水参与机体氧化还原反应，促进各种生理活动和生化反应，缺乏水，机体内的一切代谢反应都将停止。水是体内润滑剂，各个关节部位、内脏器官之间，都需要水的润滑保护；泪液可防止眼球干燥；唾液和消化液有利于咽部润滑和胃肠消化。水还调节体温，它散布在全身每一个细胞里，细胞代谢中产生的多余热能，能通过水很快散发，如通过出汗等皮肤表面蒸发来散热。

（二）各种动物体中水分含量 见表1-1。

表1-1 动物体中水的含量 （%）

新生小牛（牛犊）	绵 羊（瘦）	绵 羊（肥）	仔 猪（8千克）	肥 猪（100千克）	母 鸡	雏 鸡
74	74	40	73	49	56	85

（三）缺水对动物的影响 ①缺失体内水分1%～2%，口渴，食欲减退，生产下降；②缺失体内水分8%，严重干渴，食欲丧失，抗病力下降；③缺失体内水分10%，生理失常，代谢紊乱；④缺失体内水分20%，死亡；⑤动物失去体内全部的脂肪、一半的蛋白质和一半的体重，仍能存活；⑥只饮水，可存活3个月；⑦不饮水，消耗其自身养分，仅存活7天。

（四）饮水应注意的问题

第一，饮水的温度。幼小动物冬季饲喂温度过低的水，会导致严重的应激。

第二，水的卫生。要饮用干净卫生的水，否则水中的病原微生物进入消化道，会引起不同程度的腹泻。

第三，某些地区土壤中硝酸盐含量高，水中硝酸盐含量也会高，会引起很多问题。

第四，某些地区或河流若被工业废水污染，重金属含量超标，会引起动物不同程度的中毒。

第五，海水或咸水湖中盐分含量高，动物饮用后感觉口渴，引起离子不平衡，而导致腹泻或死亡，不能饮用。

（五）各种动物的饮水量 见表1-2。

表1-2 动物每日的饮水量

种类	升/天	种类	升/天
肉牛	26～66	绵羊与山羊	4～15
奶牛	38～110	鸡	0.2～0.4
马	30～45	火鸡	0.4～0.6
猪	11～19		

（六）影响水需要量的因素 ①动物种类及个体大小，个体大，排粪、排尿量大，需水多，一般反刍动物饮水量大于单胃动物，哺乳动物饮水量大于鸟类；②生产性能，产奶阶段需水量最高，产蛋、产肉需水量相对较低；③气温，天热动物排汗多，饮水量大。

三、能量

（一）概述 动物营养学上，饲料能量由养分在燃烧氧化过程中释放出来的热量来表示，也称热能。传统的热量单位为卡（cal），国际营养协会及生理科学协会确认以焦耳（J）作为统一使用的能量单位。动物营养中常采用千焦耳（kJ）和兆焦耳（MJ）。卡和焦耳可以换算：1cal＝4.184J。

能量是一切动物体维持生命、进行肌肉运动、维持体温、生长发育和生产等一切活动所必需。能量不是单一的营养素，它来自碳水化合物（糖类、淀粉）、脂肪、蛋白质等产热营养素，碳水化合物是主要来源，脂肪产热大于碳水化合物，碳水化合物产热大于蛋白质。这些产热物质是动物日粮的主要成分。它们进入动物体后，通过生物氧化，其化学能转变成热能释放。植物可以进行光合作用，植物性食物中热能来自太阳能，而动物性食物中的热能则从植物中取得。

（二）总能 饲料中的有机物完全氧化燃烧生成二氧化碳、水和其他氧化产物时释放的全部能量，主要为碳水化合物、蛋白质和脂肪能量的总和。

（三）消化能 饲料可消化养分所含的能量，即动物摄入饲料的总能与粪能之差。

消化能＝总能－粪能

（四）粪能 粪中所含的能量（不能消化的养分随粪便排出）。

（五）代谢能 食入的饲料消化能减去尿能及消化道气体的能量后，剩余的能量。也就是饲料中能为动物体所吸收和利用的营养物质的能量。

（六）能量的评价 实验室一般只测定总能，若测定消化能、代谢能需做动物饲养试验。

四、蛋白质与氨基酸

（一）蛋白质 蛋白质是生命的物质基础，没有蛋白质就没有生命，它是和一切生命活动紧密联系在一起的物质。动物体中的每一个细胞和所有重要组成部分都由蛋白质组成。

蛋白质的种类很多，性质、功能各异，但都是由多种氨基酸按不同比例组合而成的，并在体内不断进行代谢与更新。

动物食入的蛋白质经消化分解成肽，肽再进一步分解成为氨基酸，吸收后在体内主要用于重新按一定比例合成机体蛋白质，同时新的蛋白质又在不断代谢与分解。因此，饲料蛋白质的质和量、各种氨基酸的比例，关系到动物体蛋白质合成的量。

蛋白质的含量是评价饲料蛋白质营养价值的基础。只有蛋白质含量高，其他指标也较好，才能满足动物体的需要。

蛋白质的品质好坏主要取决于其必需氨基酸的含量和比值，饲料原料中鱼粉、肉粉、蚕蛹粉、豆粕、花生粕等是较优质的蛋白质原料。

（二）氨基酸 氨基酸是构成蛋白质的基本单位，蛋白质是由多种氨基酸以肽键结合在一起的聚合物，由于构成蛋白质的氨基酸的种类、数量和排列顺序不同而形成了各种各样的蛋白质。因此，可以说蛋白质的营养实际上是氨基酸的营养。目前各种生物体中发现的氨基酸已有180多种，但常见的构成动物、植物体的氨基酸只有20种。植物能合成自己全部所需的氨基酸。动物则不同，有一部分氨基酸体内能够合成，但有10种氨基酸，即组氨酸、缬氨酸、异亮氨酸、亮氨酸、苯丙氨酸、蛋氨酸、赖氨酸、色氨酸、苏氨酸和精氨酸，动物体不能合成或合成速度不能满足需要，必须从食物中摄取。这些动物不能合成或合成速度不能满足需要的氨基酸称为必需氨基酸。

（三）蛋白质与氨基酸的关系 蛋白质提供的营养实际上是通过氨基酸来实现的。不同饲料蛋白质所含氨基酸的种类和数量都不相同，而动物体蛋白质对所需氨基酸的种类、数量及相互间比例均有一定的要求，即为必需氨基酸模式。被动物体吸收的蛋白质，若其必需氨基酸组成符合这个模式的则能充分被利用。否则，必然造成某种或某些必需氨基酸的浪费或缺少。

饲料蛋白质中必需氨基酸含量越接近动物体生长、生产所必需的氨基酸需要量，则该饲料蛋白质的利用率就越高。

但是，由于各种饲料原料蛋白质中必需氨基酸组成及含量不同，如果将富含某种氨基酸和缺乏该种氨基酸的不同饲料原料进行配比混合，互相取长补短，即可以提高饲料蛋白质的利用率。配合饲料中往往用尽可能多样的饲料原料来进行配比，以提高配合饲料的品质。

(四)蛋白质与氨基酸的质量评价

1. 粗蛋白质的测定　所有蛋白质均含有氮元素。实验室一般用凯氏定氮法测定粗蛋白质的含量，具体是先测定饲料中的含氮量，再将测得的含氮量乘以系数 6.25(氮元素在蛋白质中的平均含量为 1/6.25)即得到蛋白质的含量。由于测出的含氮量主要来自于蛋白质，但也含有饲料中的硝酸盐、尿素、铵类等物质中的含氮量，故称粗蛋白质。通常以百分含量为单位。

2. 真(纯)蛋白质的测定　用酸、碱、有机物及加热等方法可以使蛋白质变性而生成沉淀，经离心或过滤后，测定沉渣中的含氮量，乘以系数 6.25 即得到真蛋白质的含量。

3. 氨基酸的测定　由于粗蛋白质的测定无法鉴别出饲料中的杂质(硝酸盐、铵类)或掺假物质(尿素、蛋白精等人为掺入饲料中的脲醛聚合物)，粗蛋白质、真蛋白质的测定，只能检测出蛋白质的含量而无法评价蛋白质的品质好坏，如鱼粉中掺入羽毛粉、血粉等品质差的蛋白质。

每种饲料原料的氨基酸组成是固定的，只有测定氨基酸的含量才能真正地评价蛋白质的品质，近年来测定氨基酸的越来越多。氨基酸的测定可以用氨基酸分析仪，也可以用高效液相色谱法，由于氨基酸分析仪价格昂贵，因此高效液相色谱法多被大型饲料厂所采用，但由于该设备价格也较贵，小型饲料厂或农户可将需检测的饲料样品送往饲料检测部门进行检测，可以得到十分准确的数据。目前各省、自治区、直辖市都设有法定的饲料检测部门，许多高校和科研单位也开展此项业务，因此送检样品也十分方便。工作中有许多小型饲料厂或农户往往得到氨基酸的分析数据后，不知如何评定。因此，本书中列出了常见的饲料原料中氨基酸、粗蛋白质的含量以及饲料原料的氨基酸评定方法，目的是为了小型饲料厂或农户得到氨基酸含量的数据后，可与标准含量进行对照分析或参考氨基酸的评定方法，以便准确评定蛋白质的品质。

五、脂　肪

（一）概述　脂肪是一类存在于动、植物组织中，不溶于水，但溶于乙醚、苯、氯仿等有机溶剂的物质。脂肪是机体重要的组成部分。

（二）脂肪的来源　动物性脂肪来自肥肉、瘦肉、鱼肝油等，以肥猪肉和骨髓中含量最高。动物性脂肪主要提供饱和脂肪酸，但鱼类例外。植物性脂肪主要来自油料作物如大豆、花生、油菜籽、葵花籽、核桃仁等，且以不饱和脂肪酸为主。谷实类食物脂肪含量比较少，约含0.3%～3.2%。但玉米和小米可达4%，且大部分是集中在谷胚中。

（三）脂肪的主要生理功能　①提供热能，是机体热能的重要来源。②组织细胞的重要成分，磷脂是构成机体细胞的重要成分。③提供必需脂肪酸，脂肪酸又有饱和脂肪酸、不饱和脂肪酸之分，其中不饱和脂肪酸中亚油酸、亚麻酸和花生四烯酸在动物体内不能合成，故称为必需脂肪酸，是维持机体正常生长发育和功能所必需的。亚油酸在机体内能转变为亚麻酸和花生四烯酸，故不饱和脂肪酸中最为重要的是亚油酸及其含量。④是脂溶性维生素 A、维生素 D、维生素 E、维生素

K 的有机溶剂，有利于这些维生素的吸收和利用。⑤体内脂肪有隔热和保温作用，脏器间的脂肪能保护其免受震动损伤。⑥可提高食物的适口性，增强食欲和维持饱感。

(四)脂肪的评价 由于脂肪溶解于乙醚，常规饲料分析中用乙醚浸泡提取的方法测定脂肪，但溶于乙醚的物质除脂肪外还包括胡萝卜素、叶绿素、有机酸、蜡质等，故称粗脂肪，通常以百分含量为单位。

六、碳水化合物

(一)概述 碳水化合物是由碳元素和氢元素、氧元素组成的物质，一般不含其他元素。碳水化物主要来源于玉米、小麦、薯类。营养学上所称的碳水化合物包括食物中的单糖、双糖(如蔗糖、麦芽糖、乳糖)、多糖。多糖又分 α-葡聚糖(如淀粉、糊精和糖原)、β-葡聚糖、杂多聚糖(如膳食纤维中的纤维素、半纤维素、果胶和木质素)3 类。

(二)碳水化合物的主要功能 ①供给热能，碳水化合物是机体最经济和最主要的热能来源。②构成机体组织的重要成分，如细胞膜中的糖脂、结缔组织中的粘蛋白、核糖与脱氧核糖是核酸的重要组成部分，肝糖原与肌糖原具有重要的生理功能。③维持心脏和神经系统正常活动，血糖低下可导致昏迷，严重者甚至休克、死亡。④保肝解毒，当肝糖原贮存充足时，肝脏对毒物有很强的解毒作用。⑤当碳水化合物摄入充足时，可防止酸中毒的发生。⑥节约蛋白质，充足碳水化合物的存在可避免过多地动用蛋白质作为动物体的热能来源，有利于充分发挥蛋白质的生理功能。⑦纤维素、果胶等能刺激肠道蠕动，有利于消化、吸收与排便。

(三)质量评价 碳水化合物可分为粗纤维和无氮浸出物

两部分。

粗纤维的实验室测定是用浓度准确的稀硫酸和氢氧化钠溶液依次煮沸样品30分钟，过滤后的残渣再用乙醚、乙醇除去醚溶物、醇溶物，经高温灼烧扣除灰分含量后的剩余量，其中以纤维素为主，还有少量半纤维素和木质素，故称粗纤维。

无氮浸出物的计算值：无氮浸出物含量(%)＝100%－(水分%＋粗蛋白质%＋粗脂肪%＋粗纤维%＋粗灰分%)。该式的计算值，通常不含氮，故称为无氮浸出物，主要有淀粉、糖类等可溶性碳水化合物，还有果胶、有机酸、水溶性维生素等。

七、矿物质

(一)概述 矿物质元素是动物营养中的一大类无机营养素，存在于动物体内和食物中的无机盐营养素，由有机物和无机物组成。其中含量高于0.01%的元素称为常量元素，包括钙、磷、钾、钠、氯、镁、硫7种；含量低于0.01%的元素称为微量元素，包括铁、锌、铜、锰、碘、硒、钴、钼、氟、铬、硼、硅等12种。这里主要介绍钙和磷。

钙(Ca)和磷(P)是动物体内必需的矿物质元素，是骨骼和牙齿的重要组成成分。现代动物生产条件下，钙、磷已成为配合饲料必须考虑的、添加量较大的重要营养素。

钙、磷缺乏将导致软骨病、佝偻病、骨质疏松症、产后瘫痪。

(二)钙 钙是构成骨骼和牙齿的主要成分，起支架和保护作用。许多参与细胞代谢与大分子合成和转化的酶都受钙离子的调节。

钙吸收的影响因素：①维生素D可促进小肠对钙的吸收；②蛋白质被消化分解成氨基酸，如赖氨酸、色氨酸、精氨酸、亮氨酸、组氨酸等，与钙形成可溶性钙盐，促进钙吸收；③应激、不活动、食物在消化道中停留时间长，将降低钙的吸收率；④植物成分中的植酸盐、纤维素、藻酸钠和草酸可降低钙的吸收。

(三)磷 磷是骨骼和牙齿的另一重要组成成分，也是核酸、磷脂和某些酶的组成成分，促进生长、维持和修复组织；有助于碳水化合物、脂肪和蛋白质的利用、调节糖原分解，参与能量代谢等功能。

(四)钙、磷的来源 天然石灰石、贝壳粉的主要成分是碳酸钙，含钙量很高，蛋壳粉中含大量钙，蛋鸡饲料中添加一定量的石粉或贝壳粉，即可补充蛋壳形成所需的钙质。骨粉和磷酸氢钙中含有丰富的磷，是配合饲料中常用的钙、磷补充原料。

(五)质量评价 实验室常用测定粗灰分的方法来表示矿物质的含量，样品在550℃高温灼烧灰化后所残留无机物质的量(矿物质)即为粗灰分，以百分含量为单位。

实验室可用常规分析方法进行钙、磷含量的测定，以百分含量为单位。

实验室可用原子吸收分析法进行微量元素的测定，通常以百分含量为单位，也有以百万分之一浓度为单位(毫克/千克)。

第二节 饲料原料基本知识

一、饲料原料分类方法

(一)国际分类法

粗饲料：饲料干物质中粗纤维含量≥18%。

青饲料:天然水分含量≥60%。

青贮饲料:指青饲料在厌氧条件下,经过乳酸菌发酵调制和保存的一种青绿多汁饲料。

能量饲料:干物质中粗纤维≤18%,粗蛋白质<20%,且每千克含消化能在10.46兆焦(MJ)以上。

蛋白质饲料:干物质中粗蛋白质≥20%,粗纤维<18%。

矿物质饲料:指可供饲用的天然矿物及工业合成的无机盐类。

维生素饲料:工业合成或提纯的维生素制剂,不包括富含维生素的天然饲料。

饲料添加剂:在配合饲料中添加的各种少量或微量成分。

(二)我国现行饲料分类法

我国饲料编码分类体系,根据国际贯用的分类原则将饲料分为8大类:①粗饲料;②青饲料;③青贮饲料;④能量饲料;⑤蛋白质饲料;⑥矿物质饲料;⑦维生素饲料;⑧添加剂。

结合我国传统饲料分类,习惯分为16亚类:01青绿植物,02树叶类,03青贮饲料类,04根茎瓜果类,05干草类,06农副产品类,07谷实类,08糠麸类,09豆类,10饼粕类,11糟渣类,12草籽树实类,13动物性饲料类,14矿物质饲料类,15维生素饲料类,16添加剂及其他

二、能量饲料

(一)谷实类饲料 主要有玉米、小麦、燕麦、高粱等。其营养特点主要有以下几方面:①无氮浸出物含量高,而且其中主要是淀粉,占无氮浸出物的82%~90%;②粗纤维含量低,一般在2%~6%;③蛋白质含量低,一般在7%~13%,且品质差,氨基酸组成不平衡,缺乏赖氨酸和蛋氨酸等;④脂

肪含量少，一般在2%～5%且以不饱和脂肪酸为主；⑤矿物质中钙、磷比例极不符合畜禽需要，钙少磷多，钙的含量在0.2%以下，而磷的含量在0.3%～0.45%。这样的钙、磷比例对任何家畜都是不适宜的；⑥维生素含量不平衡，维生素B_1、烟酸、维生素E含量较高，维生素B_2、维生素A含量较低。

（二）糠麸类饲料 有小麦麸、次粉、米糠等。其营养特点主要有以下几方面：①无氮浸出物比谷实少，约占40%～50%；②粗纤维含量比谷实高，约占10%；③粗蛋白质数量与质量介于豆科与禾本科子实之间；④米糠中粗脂肪含量达13.1%，其中不饱和脂肪酸含量高；⑤矿物质中钙少磷多，磷多以植酸磷形式存在，难以利用，需在饲料中添加植酸酶，提高其利用率（但是小麦麸中含有活性较高的植酸酶，磷的利用率较高）；⑥维生素B_1、维生素B_5、维生素B_3含量较丰富，其他均较少。

（三）淀粉质块根块茎类饲料 有甘薯（也叫做红薯、白薯、地瓜等）、木薯等。

根茎瓜类最大的特点是水分含量很高，达75%～90%，相对地讲干物质很少。但从干物质的营养价值来看，它们可以归属于能量饲料。就干物质而言，它们的粗纤维含量较低，约占3%～10%，无氮浸出物含量很高，达60%～80%，且大多是易消化的糖、淀粉等。但它们也具有能量饲料的一般缺点，其中有些甚于谷实类，如蛋白质含量低，为5%～10%，矿物质含量低，为0.8%～1.8%。

三、植物性蛋白质饲料

（一）概述 干物质中粗蛋白质含量大于20%、粗纤维小于18%的所有植物性饲料均属于此类饲料。可分为豆科子实、油料饼(粕)类和其他制造业的副产品。其营养特点主要有以下几方面。

第一,粗蛋白质含量高,为20%~50%,因种类不同差异较大。必需氨基酸含量与平衡性明显好于谷物类蛋白。

第二,粗脂肪含量变化大,油料子实粗脂肪含量大于30%,非油料子实类含量只有1%左右,饼粕类粗脂肪含量因加工工艺不同差异较大,高的达10%左右,低的1%左右。

第三,粗纤维含量不高,与谷类子实接近,饼粕类含量稍高。

第四,矿物质含量与谷类子实接近,钙少磷多,磷多以植酸磷形式存在。

第五,维生素含量与谷类子实接近,B族维生素较丰富,维生素A、维生素D较缺乏。

第六,含有抗营养因子,影响其饲喂价值。

(二)主要种类

1. 豆类子实　大豆、豌豆等。

2. 油料饼(粕)类　大豆饼(粕)、菜籽饼(粕)、棉籽饼(粕)、向日葵饼、花生仁饼(粕)等。

3. 农产品加工业副产品　玉米蛋白粉、豌豆蛋白粉、绿豆蛋白粉等。

四、动物性蛋白质饲料

(一)概述　干物质中粗蛋白质含量大于20%、粗纤维小于18%的所有动物性饲料均属于此类饲料。其营养特点主要有以下几方面:①干物质中粗蛋白质含量高,为50%~80%,氨基酸组成好,所含必需氨基酸齐全,比例接近畜禽的需要，适合与植物性蛋白质饲料配伍；②富含微量元素，灰分含量高，钙、磷含量高，且容易吸收利用；③B族维生素含量高，特别是核黄素、维生素B_{12}等的含量相当高；④碳水化合物含量特别少，粗纤维几乎等于零。

（二）主要种类 有鱼粉、肉骨粉、肉粉、蚕蛹粉、乳清粉、血粉、羽毛粉等。

五、矿物质饲料

（一）概述 以提供矿物质元素为目的的饲料叫矿物质饲料。

（二）主要种类

1. 含钙与磷的饲料 骨粉、磷酸氢钙、磷酸二氢钙、磷酸三钙、磷矿石粉等

2. 含钙饲料 石粉、贝壳粉、蛋壳粉、石膏粉等。

3. 含钠与氯的饲料 食盐（氯化钠）、碳酸氢钠、无水硫酸钠等。

4. 其他矿物质饲料 沸石、麦饭石、膨润土、稀土、海泡石等。

第三节 饲料化验基本知识

一、饲料样本的采集、制备及保存

（一）采样的一般要求 采样是指从大量饲料产品或饲料原料中抽取一部分，以供分析使用的操作过程。所抽取的这部分饲料或饲料原料叫做样品。用于分析的样品总是少量的，但要用由此所得的分析结果，对大量饲料给以客观的评

价，因此，采样是饲料分析的第一步。如果采集的样品没有代表性和均匀性，那么，无论采用多么准确的分析方法，多么精密的仪器，最后所得的结果都不能说明大量饲料的真实营养价值。可见，正确采样是至关重要的，只有遵循一定的采样方法才能符合要求。

采样时必须注意样品的生产厂家、生产日期、批号、种类、总量、包装堆积形式、运输情况、储存条件及时间、有关单据和证明。首先要对每批次饲料样品的外观进行检查，如包装是否完整，有无变形、破损。如果发现包装不好，而可能影响质量时，立即打开包装进行检查，必要时进行采样检验。然后根据以上情况，制定采样方案，进行采样。

由仓库、生产现场，如田间、牧地、生产车间等大量分析对象中采集的样本叫做原始样本。原始样本在采集时应按下列方法进行：首先把大量饲料看成某种几何体，如圆柱体、圆锥体或立方体等，然后从几何体的不同部位（如上、中、下）分层（一般要求两层以上），每层再取等距离采样点，采集部位一般不少于5个点。原始样本的采集量一般在1千克以上，不能直接用于分析化验，而必须再从原始样本中取得分析样品。由原始样本制备分析样品时，应按“四分法”均匀取舍，每种分析样品风干重量不得少于200克。

“四分法”采样是将混合均匀的原始样本堆于台面、纸张或塑料布上充分混匀呈锥形，然后用平板从锥体顶部垂直下压，使其成圆饼或方饼状，然后用适当器具从中划“十”字或对角线，把样品分为四等份，弃去对角的两份。这样反复多次，直至样品为200克左右为止。

（二）均匀样品的采集　单相液体饲料和经粉碎搅拌均匀的谷实类子实、糠麸、鱼粉、骨粉、血粉等固体饲料，采样时通常采用定比例采样法，即采样前根据饲料的批量确定采样的比例。

对于同一批散装或袋装饲料，根据其批量按表 1-3 中所列采样点数（或称采样部位数），各点采取 200 克以上，混合均匀后，用分样器或“四分法”缩至 200 克作为分析样品。

表 1-3　不同批量的采样点数

批量（袋）	抽取袋数	重量（吨）	采样点数
5 以下	全部	1 以下	5～6
6～50	5～6	1～2	5～8
51～100	6～8	2～5	6～10
101～500	8～10	5～10	8～15
501 以上	10～15	10 以上	10～20

若用采样器从袋中或堆中抽取原始样品时，可将双层鞘形旋转取样管插入包装袋或堆中，旋转 180°后取出样品。

（三）不均匀样品的采集

1. 稿秆及草类　在存放稿秆或干草的堆垛中选 5 个以上不同部位的点采样。每点采集 200 克左右。采样时应注意避免柔嫩叶子的脱落，样品应尽量保持原料中茎叶的比例。将采取的原始样品放在纸上或塑料布上，剪成 1～2 厘米长度，充分混合后取分析样品 300 克，粉碎、过筛。少量难粉碎的稿秆渣屑应尽量弄细，混入全部分析样品装瓶，决不能抛弃。

2. 子实类　一般在仓库或饲料堆中取样，采样点不应少于 5 个，每点应于上、中、下 3 层采样。然后将各点各层全部均匀混合后取分析样品 300 克。

3. 油饼类　加工取油的方法不同，油饼的形状各异。大块的油饼有方形和圆形两种，采样时应从油饼堆的不同部位选取 5 块以上，然后从每块中（如为圆形，通过圆心划两条直线，如为四方形，划两条对角线）切取对角的两小块，将所选样本全部捶碎混合，用“四分法”取分析样品 200 克，粉碎装瓶。小片油粕，取具有代表性者数十片，捶碎后充分混合，用“四分法”取分析样品 200 克。

4. **副食及酿造加工副产品** 此类包括酒糟、醋糟、粉渣和豆渣等。一般在储藏池、木桶或堆放的水泥地上，每层取 5～10 个点，每点取 100 克放入瓷桶内充分混合后随机取分析样品 1 500 克，用 200 克测定初水分，其余放入大瓷盘中，在 60℃～65℃的恒温干燥箱中干燥。豆渣和粉渣等含水分较多的样品，在采集的过程中应注意汁液的损失。

二、饲料化验中浓度概念及单位换算

（一）浓度单位

1. *物质的量浓度* 以物质 B 为例，B 物质的量浓度是指 B 物质的量除以混合物的体积。通常我们所说的溶液浓度就是指溶液中物质的量浓度。用符号 C_B 表示，即 $C_B=\frac{n_B}{V}$。

式中 n_B 为物质的量，单位为摩尔（mol）；V 为混合物的体积，对溶液而言，就是溶液的体积，常用的单位为升（L），故浓度的常用单位为摩[尔]/升（mol/L 或 $mol \cdot L^{-1}$）。

根据国际单位制（SI）规定，使用物质的量单位是摩尔（mol），要注明物质的基本单元。而溶液的浓度单位是由基本单位“mol”推导得到的，所以在使用浓度单位时也必须注明所表示物质的基本单元。例如：$c(KMnO_4)=0.10mol \cdot L^{-1}$ 与 $c(1/5KMnO_4)=0.10mol \cdot L^{-1}$ 的两种溶液，它们浓度数值虽然相同，但是，它们所表示 1 升溶液中所含 $KMnO_4$ 的质量是不同的，分别为 15.8 克与 3.16 克。

物质的量浓度通常也称为摩尔浓度，摩尔浓度等于溶质摩尔数(mol)除以溶液的体积(L)。

2. 物质的质量浓度

溶液中物质 B 的质量浓度为物质 B 的质量(m_B)除以溶液的总体积(V)。B 的质量浓度为 $\rho_B=\frac{m_B}{V}$，式中，ρ_B 为 B 的质量浓度，单位和密度单位相同，千克/升(kg/L)或克/升(g/L)等，V 为溶液的体积，常用单位为升(L)或毫升(mL)，m_B为 B 的质量，常用单位为千克(kg)或克(g)。

3. 物质的量浓度与质量浓度的关系　根据质量浓度定义

$$\rho_B=\frac{m_B}{V}=\frac{n_B M_B}{V}=c_B M_B$$

式中 M_B为物质 B 的摩尔质量。

4. 溶液的稀释

稀释溶液时，溶液的体积由 V_1变到 V_2，浓度由 C_1 变到 C_2，但溶质的物质的量 $n=C \cdot V$ 并不改变，他们的关系为：

$$V_1 \cdot C_1=V_2 \cdot C_2$$

(二)常用单位的换算

1. 容积单位间的换算

1 升(L)＝1 000 毫升(mL)

1 毫升(ml)＝1 000 微升(μL)

2. 重量单位间的换算

1 千克(kg)＝1 000 克(g)

1 克(g)＝1 000 毫克(mg)

1 毫克(mg)＝1 000 微克(μg)

三、样品化验结果重复性的检验

样品化验结果重复性的检验，要求每个试样称样时分别称取 2～3 份样品，至少称取 2 份样品（即两个平行样品）分别按样品的测定方法逐步进行测定，测得两个结果，以其算术平均值为报告结果。

（一）算术平均值 两个平行样品进行测定，假设结果分别为 X_1，X_2，其算术平均值为 $\bar{X}$，则 $\bar{X}=(X_1+X_2)\div 2$。计算结果通常精确到小数点后两位，小数点后第三位数值四舍五入。四舍五入的原则为：若第三位小于“5”则舍去，大于“5”则进一，等于“5”则按小数点后第二位数值的奇偶性而变化，原则为奇变偶不变。例如：$16.3749\approx 16.37$，$16.3751\approx 16.38$，$16.3750\approx 16.38$，$16.3850\approx 16.38$。

（二）相对偏差 $(\bar{X}-X_2)\div\bar{X}\times 100\%$，（$X_2$ 取较小的一个结果进行计算）。

（三）绝对差 X_1-X_2。

（四）化验结果的要求 不同化验项目的测定方法最后对结果的重复性都有要求，若结果符合要求，可以报告结果，若不符合要求，则需重新进行测定。

第四节 饲料常规化验方法

一、饲料中水分的测定

（一）适用范围 本方法适用于测定配合饲料和单一饲料中的水分含量。但是，用作饲料的乳制品、动物和植物油脂、矿物质除外。

（二）原理　样品在105℃±2℃烘箱内，在大气压下烘干，直至恒重，逸失的重量为水分。

（三）仪器设备

1. 样品粉碎机或研钵　规格为实验室用的。

2. 分样筛　孔径0.45毫米(40目)。

3. 分析天平　感量0.000 1克。

4. 电热式恒温烘箱　可控温度为105℃±2℃。

5. 称样皿　玻璃或铝质，直径40毫米以上，高25毫米以下。

6. 干燥器　用氯化钙(干燥试剂)或变色硅胶做干燥剂。

（四）样品的选取和制备　选取有代表性的样品，其原始样品量应在1 000克以上。用四分法将原始样品缩至500克，风干后粉碎至40目，再用四分法缩至200克，装入密封容器，放阴凉干燥处保存。

如样品是多汁的鲜样，或无法粉碎时，应预先干燥处理。称取样品200～300克，在120℃烘箱中烘10～15分钟，立即降至65℃，烘干8～12小时。取出后，在室内冷却24小时回潮，称重。再将样品放入65℃烘箱内烘2小时，按上述方法回潮，称重，直至2次称重之差不超过0.15克为止。取最低值进行初水分含量的计算。所得样品为风干样品。

上述过程所失水分为初水分，计算式如下：

$$初水分(\%)=\frac{新鲜样本重(克)-风干样品重(克)}{新鲜样本重(克)}\times 100\%$$

（五）测定步骤　取洁净称样皿，在105℃±2℃烘箱中烘1小时，取出，在干燥器中冷却30分钟称准至0.000 2克，再烘干10分钟，同样冷却，称重，直至两次重量之差小于0.000 5克为恒重。

用已恒重称样皿称取两份平行样品，每份 2～5 克(含水重 0.1 克以上，样品厚度 4 毫米以下)。准确至 0.0002 克，不盖称样皿盖，在 105℃±2℃烘箱中烘 3 小时(以温度到达 105℃开始计时)，取出，盖好称样皿盖，在干燥器中冷却 30 分钟，称重。再同样烘干 1 小时，冷却，称重，直至两次称重之重量差小于 0.002 克。

(六)测定结果的计算

1. 计算　见下式：

$$水分(\%)=\frac{W_1-W_2}{W_1-W_0}\times 100$$

式中：W_1——烘干前样品及称样皿重，克；

W_2——烘干后样品及称样皿重，克；

W_0——已恒重的称样皿重，克。

2. 重复性　每个样品，应取两个平行样品进行测定，以其算术平均值为结果。两个平行样测定值相差不得超过 0.2%，否则重做。

二、饲料中粗蛋白质、真蛋白质含量的测定

(一)适用范围　本标准适用于配合饲料、浓缩饲料和单一饲料。

(二)原理　凯氏法测定试样中的含氮量，即在催化剂作用下，用硫酸破坏有机物，使含氮物转化成硫酸铵。加入强碱进行蒸馏使氨逸出，用硼酸吸收后，再用盐酸标准溶液滴定，测出氮含量，将结果乘以换算系数 6.25，便计算出粗蛋白质含量。

(三)试剂　实验使用试剂除特殊规定外均为分析纯，所用水为蒸馏水或去离子水(应符合 GB/T 6682 中三级用水规格)。

1. 硫酸 含量为98%,无氮。

2. 混合催化剂 0.4克硫酸铜(5个结晶水),6克无水硫酸钾(或硫酸钠),磨碎混匀。

3. 氢氧化钠 40%水溶液。

4. 硼酸 2%水溶液,凯氏定氮法用。

5. 混合指示剂 甲基红0.1%乙醇溶液,溴甲酚绿0.5%乙醇溶液,两溶液等体积混合,在阴凉处保存期为3个月。

6. 盐酸标准溶液

(1)配制 0.1摩[尔]/升盐酸(HCl)标准溶液:吸取8.3毫升盐酸注入1 000毫升蒸馏水中;0.02摩[尔]/升盐酸(HCl)标准溶液:吸取1.67毫升盐酸注入1 000毫升蒸馏水中充分混匀。

(2)标定

①氢氧化钠标准溶液比较标定:参考粗纤维测定中的硫酸标准溶液的标定方法。

②无水碳酸钠法:准确称取在270℃～300℃温度下干燥至恒重的基准无水碳酸钠约0.15克(标定0.02摩[尔]/升的盐酸标准溶液时,称取0.05克),加水50毫升使溶解,加甲基红-溴甲酚绿混合指示液3～5滴,用盐酸标准溶液滴定至溶液由绿色变为暗红色时,煮沸2分钟,冷却至室温,继续滴定至溶液由绿色变为暗红色。同时做空白试验。

(3)计算公式

$$c=\frac{m}{(V-V_0)\times 0.05299}$$

式中:c——盐酸标准溶液之物质的量浓度,摩尔/升(mol/L);

m——无水碳酸钠的用量,克(g);

V——消耗盐酸溶液的体积,毫升(mL);

V_0——空白试验消耗盐酸溶液的体积,毫升(mL)。

0.052 99——与1.00毫升盐酸标准溶液[c(HCl)=1.000毫摩/升]相当的以克表示的无水碳酸钠的质量。

7. 蔗糖　市场销售。

8. 硫酸铵　105℃干燥1小时,置干燥器中备用。

9. 硼酸吸收液　1%硼酸水溶液1 000毫升,加入0.1%溴甲酚绿乙醇溶液10毫升,0.1%甲基红乙醇溶液7毫升,4%氢氧化钠水溶液0.5毫升,混合,置阴凉处保存期为1个月(全自动程序用)。

(四)仪器设备

1. 样品粉碎机或研钵　实验室用。

2. 分样筛　孔径0.45毫米(40目)。

3. 分析天平　感量0.000 1克。

4. 消煮炉或电炉。

5. 滴定管　酸式,10毫升、25毫升。

6. 凯氏烧瓶　250毫升。

7. 凯氏蒸馏装置　常量直接蒸馏式或半微量水蒸气蒸馏式。

8. 锥形瓶　150毫升、250毫升。

9. 容量瓶　100毫升。

10. 消煮管　250毫升。

11. 定氮仪　以凯氏原理制造的各类型半自动,全自动蛋白质测定仪。

(五)样品的选取和制备　选取具有代表性的样品用四分

法缩减至200克,粉碎后全部通过40目筛,装于密封容器中,防止试样成分的变化。

(六)分析步骤

1. 仲裁法

(1)样品的消煮　称取样品0.5～1克(含氮量5～80毫克)准确至0.000 2克,放入凯氏烧瓶中,加入6.4克混合催化剂,与试样混合均匀,再加入12毫升硫酸和2粒玻璃珠,将凯氏烧瓶置于电炉上加热,开始小火,待样品焦化,泡沫消失后,再加强火力(360℃～410℃),直至呈透明的蓝绿色,然后再继续加热,至少2小时。此液为样品消煮液。

(2)氨的蒸馏　采用半微量蒸馏法。将样品消煮液冷却,加入20毫升蒸馏水,定量转入100毫升容量瓶中,冷却后用水定容,摇匀,作为试样分解液。将半微量蒸馏装置的冷凝管末端浸入装有20毫升硼酸吸收液和2滴混合指示剂的锥形瓶内。蒸汽发生器的水中应加入甲基红指示剂数滴,硫酸数滴,在蒸馏过程中保持此液为橙红色,否则需补加硫酸。准确移取试样分解液10～20毫升注入半微量蒸馏装置的反应室中,用少量蒸馏水冲洗进样入口,塞好入口玻璃塞,再加10毫升40%氢氧化钠溶液,小心提起玻璃塞使之流入反应室,将玻璃塞塞好,且在入口处加水密封,防止漏气。蒸馏4分钟降下锥形瓶使冷凝管末端离开吸收液面,再蒸馏1分钟,用蒸馏水冲洗冷凝管末端,洗液均流入锥形瓶内,然后停止蒸馏。

(3)滴定　对蒸馏后的吸收液立即用0.1摩/升或0.02摩/升的盐酸标准溶液滴定,溶液由蓝绿色变成灰红色为终点。

(4)蒸馏步骤的检验　精确称取0.2000克硫酸铵(分析纯),溶解于100毫升容量瓶中,定容、摇匀,作为试样分解液。

代替试样，按上述方法进行蒸馏，测得硫酸铵含氮量为21.19%±0.2%（按下述计算粗蛋白质公式，但不乘以6.25计算）。否则，应检查加碱、蒸馏和滴定各步骤是否正确。

2. 推荐法（全自动定氮仪法）

(1)样品的消煮　称取0.5～1.0克试样（含氮量5～80毫克）准确至0.000 2克，放入消化管中，加2片消化片（仪器自备）或6.4克混合催化剂，12毫升硫酸，于420℃下在消煮炉上消化1小时。取出放凉后加入30毫升蒸馏水。

(2)氨的蒸馏　采用全自动定氮仪时，按仪器说明书程序进行测定。

采用半自动定氮仪时，将带消化液的管子插在蒸馏装置上，以25毫升硼酸为吸收液，加入2滴混合指示剂，蒸馏装置的冷凝管末端要浸入装有硼酸吸收液的锥形瓶内，然后向消煮管中加入50毫升40%氢氧化钠溶液进行蒸馏。蒸馏时间以吸收液体积达到100毫升时为宜。降下锥形瓶，用蒸馏水冲洗冷凝管末端，洗液均需流入锥形瓶内。

(3)滴定　用0.1摩/升的盐酸标准溶液滴定吸收液，溶液由蓝绿色变成灰红色为终点。

(七)空白测定　称取蔗糖0.5克，代替试样，按上述方法进行空白测定，消耗0.1摩/升盐酸标准溶液的体积不得超过0.2毫升。消耗0.02摩/升盐酸标准溶液体积不得超过0.3毫升。

(八)分析结果的表述

1. 计算见下式：

$$粗蛋白质(\%)=\frac{(V_2-V_1)\times C\times 0.0140\times 6.25}{m\times \frac{V'}{V}}$$

式中：V_2——滴定试样时所需标准盐酸溶液体积，毫升；

V_1——滴定空白时所需标准盐酸溶液体积，毫升；

C——盐酸标准溶液浓度，摩/升；

m——试样质量，克；

V——试样分解液总体积，毫升；

V'——蒸馏用试样分解液体积，毫升；

0.014 0——每毫摩氮的克数；

6.25——氮换算成蛋白质的平均系数。

（九）重复性 每个样品取两个平行样品进行测定，以其算术平均值为结果。

当粗蛋白质含量在25%以上时，允许相对偏差为1%。

当粗蛋白质含量在10%～25%时，允许相对偏差为2%。

当粗蛋白质含量在10%以下时，允许相对偏差为3%。

（十）粗蛋白质测定中消化时间的控制 利用氮素回收率及其变异系数和平均相对误差的分析方法，以及工作中实践经验测定。植物性蛋白质饲料原料，消化中澄清后30分钟即可，动物性蛋白质饲料原料（鱼粉、血粉、羽毛粉等），消化中澄清后需2～3小时。

采用全自动、半自动定氮仪时，消化炉的温度及时间可设定为：390℃，2小时；或380℃，3小时。

（十一）真（纯）蛋白质的测定

1. 原理 蛋白质在水溶液中被氢氧化铜沉淀，过滤后即与非蛋白质的含氮化合物分离。将沉淀洗净，用凯氏法测定含氮量，可计算出真蛋白质的含量。

2. 仪器和试剂 ①200毫升烧杯；②定量滤纸；③6%硫酸铜溶液；④10%氯化钡溶液；⑤1.25%氢氧化钠溶液。实验使用试剂除特殊规定外均为分析纯，所用水为蒸馏水或去离子水。其他仪器和试剂同粗蛋白质测定中的仲裁法。

3. 操作步骤　准确称取样品 0.5～1 克，准确至0.000 2 克，倒入烧杯中，加少量蒸馏水，加热至沸并保持 30 分钟（可补加少量水）。在搅拌下加入 25 毫升 6%硫酸铜溶液，然后缓慢滴入 25 毫升 1.25%氢氧化钠溶液（否则，局部氢氧化钠太浓，将溶解部分蛋白质）。静止 2 小时，用双层定量滤纸过滤。沉淀用热水洗涤，直至用氯化钡溶液检查滤液不浑浊为止。将漏斗连同滤纸置于 50℃～60℃烘箱中，烘至略潮。取下滤纸，连沉淀一并置于凯氏烧瓶中。以下按粗蛋白质测定法进行消化、蒸馏、滴定，其计算结果即为真蛋白质含量。

三、饲料中钙的测定

（一）适用范围　本方法适用于饲料原料和饲料产品。本方法钙的最低检测限为 150 毫克/千克（取试样 1 克时）。

（二）原理　将试样中有机物破坏，钙变成溶于水的离子，用草酸铵定量沉淀，用高锰酸钾法间接测定钙含量。

（三）试剂和高锰酸钾标准溶液的配制与标定　①硝酸。②高氯酸 70%～72%。③1＋3 盐酸溶液。④1＋3 硫酸溶液。⑤1＋1 氨水溶液。⑥草酸铵水溶液（42 克/升），称取 4.2 克草酸铵溶于 100 毫升水中。⑦高锰酸钾标准溶液[c（1/5$KMnO_4$）＝0.05 摩/升]。⑧甲基红指示剂（1 克/升），称取 0.1 克甲基红溶于 100 毫升 95%乙醇中。

所谓 1＋3 盐酸溶液或 3＋1 硫酸溶液，是指 1 份盐酸或硫酸酸溶于 3 份蒸馏水中。例如，配制 400 毫升 1＋3 硫酸溶液，需用 100 毫升浓硫酸与 300 毫升蒸馏水混合。配制时应先量取 300 毫升蒸馏水于烧杯中，再量取 100 毫升浓硫酸沿烧杯壁缓缓加入水中，边加入边搅拌，以防止硫酸遇水产生大量热量而溅出伤人。

1. 试剂　实验使用试剂除特殊规定外均为分析纯，所用水为蒸馏水或去离子水。

2. 高锰酸钾标准溶液　[$c(1/5KMnO_4)$＝0.05 摩/升]的配制与标定。

(1)配制　称取高锰酸钾 1.6 克，溶于 1 000 毫升蒸馏水中煮沸 10 分钟，冷却且静置 1～2 天，用烧结玻璃滤器过滤，保存于棕色瓶中。

(2)标定　称取草酸钠(基准物，105℃干燥 2 小时，存于干燥器中)0.1 克，准确至 0.000 2 克，溶于 50 毫升水中，再加硫酸溶液(1＋3)10 毫升。将此溶液加热至 75℃～85℃，用配制好的高锰酸钾标准溶液滴定，溶液呈现粉红色且 1 分钟不褪色为终点。滴定结束时，溶液温度在 60℃以上，同时做空白试验。

(3)计算　高锰酸钾标准溶液浓度按下式计算：

$$c(1/5KMnO_4)=\frac{m}{(V_1-V_2)\times 0.06700}$$

式中：$c(1/5KMnO_4)$——高锰酸钾标准溶液之物质的量浓度，摩/升；

m——草酸钠之质量，克；

V_1——高锰酸钾之用量，毫升；

V_2——空白实验高锰酸钾之用量，毫升；

0.06700——与 1.00 毫升高锰酸钾标准溶液[$c(1/5KMnO_4)$＝1.00 摩/升]相当以克表示的草酸钠质量。

(四)仪器和设备

1. 样品粉碎机或研钵　实验室用。

2. 分析筛　孔径 0.45 毫米(40 目)。

3. 分析天平　感量 0.000 1 克。

4. 高温炉　电加热,可控温度在 550℃±20℃。

5. 坩埚　瓷质。

6. 容量瓶　100 毫升。

7. 滴定管　酸式,25 毫升或 50 毫升。

8. 玻璃漏斗　直径 6 厘米。

9. 定量滤纸　中速,7～9 厘米。

10. 移液管　10 毫升 1 支,20 毫升 1 支。

11. 烧杯　200 毫升。

12. 凯氏烧瓶　250 毫升或 500 毫升。

(五)样品制备　取具有代表性试样至少 2 千克,用四分法缩分至 250 克,粉碎过 0.45 毫米孔筛,混匀,装入样品瓶中,密闭,保存备用。

(六)测定步骤

1. 试样的分解

(1)干法　称取样品 2～5 克于坩埚中,精确至 0.000 2 克,在电炉上小心炭化,再放入高温炉于 550℃下灼烧 3 小时(或测定粗灰分后连续进行)。在盛灰坩埚中加入 1+3 盐酸溶液 10 毫升和浓硝酸数滴,小心煮沸。将此溶液转入 100 毫升容量瓶中,冷却至室温,用蒸馏水稀释至刻度,摇匀,为试样分解液。

(2)湿法　称取试样 2～5 克于 250 毫升凯氏烧瓶中,精确至 0.000 2 克。加入硝酸 10 毫升,加热煮沸,至二氧化氮黄烟逸尽。冷却后加入高氯酸 10 毫升,小心煮沸至溶液无色,不得蒸干(危险)冷却后加蒸馏水 50 毫升,且煮沸逸出二氧化氮。冷却后移入 100 毫升容量瓶中,用蒸馏水稀释至刻度,摇匀,为试样分解液。

2. 试样的测定　准确移取试样分解液 10～20 毫升(含钙量 20 克左右)于 200 毫升烧杯中,加蒸馏水 100 毫升,甲基红指示剂 2 滴,滴加氨水溶液至溶液呈橙色,若滴加过量,可加盐酸溶液调至橙色,再多加 2 滴使其呈粉红色(pH 值为 2.5～3.0),小心煮沸,慢慢滴加热草酸铵溶液 10 毫升,且不断搅拌,如溶液变橙色,则应补加盐酸溶液使其呈红色,煮沸数分钟,放置过夜使沉淀陈化(或在水浴上加热 2 小时)。

用定量滤纸过滤,用 1+50 的氨水溶液洗沉淀 6～8 次,至无草酸根离子。接滤液数毫升加硫酸溶液数滴,加热至 80℃,再加高锰酸钾溶液 1 滴,呈微红色,且半分钟不褪色。

将沉淀和滤纸转入原烧杯中,加硫酸溶液 10 毫升,蒸馏水 50 毫升,加热至 75℃～80℃,用高锰酸钾标准溶液滴定,溶液呈粉红色且半分钟不褪色为终点。

同时进行空白溶液的测定。

(七)测定结果的计算与表述

1. 结果计算　测定结果按以下公式计算:

$$X(\%)=\frac{(V-V_0)\times c\times 0.02}{m\times\frac{V'}{100}}\times 100=\frac{(V-V_0)\times c\times 200}{m\times V'}$$

式中:X——以质量分数表示的钙含量,%;

V——试样消耗高锰酸钾标准溶液的体积,毫升;

V_0——空白消耗高锰酸钾标准溶液的体积,毫升;

C——高锰酸钾标准溶液的浓度,摩/升;

V′——滴定时移取试样分解液体积,毫升;

m——试样质量,克;

0.02——与 1.00 毫升高锰酸钾标准溶液[c($1/5KMnO_4$)=1.000 摩/升]相当的以克表示的

钙的质量。

2. 结果表示　以质量分数(%)表示钙的含量。

(八)重复性　每个试样取两个平行样品进行测定，以其算术平均值为结果，所得结果应表示至小数点后两位。

含钙量10%以上，允许相对偏差2%；含钙量在5%～10%时，允许相对偏差3%；含钙量1%～5%时，允许相对偏差5%；含钙量1%以下，允许相对偏差10%。

(九)饲料中钙的快速测定

1. 原理　将试样中有机物破坏，钙变成溶于水的离子，用三乙醇胺、乙二胺、盐酸羟胺和淀粉溶液消除干扰离子的影响，在碱性溶液中以钙黄绿素为指示剂，用乙二胺四乙酸二钠标准溶液络合滴定钙，可快速测定钙的含量。

2. 试剂　①盐酸羟胺；②三乙醇胺；③乙二胺；④盐酸水溶液1+3；⑤氢氧化钾溶液(200克/升)，称取20克氢氧化钾溶于100毫升水中；⑥淀粉溶液(10克/升)，称取1克可溶性淀粉入200毫升烧杯中，加5毫升水润湿，加95毫升沸水搅拌，冷却备用(现用现配)；⑦孔雀石绿水溶液(1克/升)；⑧钙黄绿素—甲基百里香草酚蓝指示剂，0.10克钙黄绿素与0.10克甲基麝香草酚蓝与0.03克百里香酚酞、5克氯化钾研细混匀，贮存于磨口瓶中备用。⑨钙标准溶液(0.001 0克/毫升)，称取2.497 4克于105℃～110℃干燥3小时的基准物碳酸钙于烧杯中，加少量水，再沿烧杯壁慢慢加入1+3盐酸溶液40毫升，加热逸出二氧化碳，冷却，用水移至1 000毫升容量瓶中，稀释至刻度；⑩乙二胺四乙酸二钠(EDTA)标准滴定溶液，称取3.8克乙二胺四乙酸二钠放于200毫升烧杯中，加200毫升水，加热溶解冷却后转至1 000毫升容量瓶中，用水稀释至刻度。

EDTA 标准滴定溶液的标定:准确吸取钙标准溶液 10.0 毫升按试样测定法进行滴定。

EDTA 标准滴定溶液对钙的滴定度按以下公式计算:

$$T=\frac{\rho\times V}{V_0}$$

式中:T——EDTA 标准滴定溶液对钙的滴定度,克/毫升;

ρ——钙标准溶液的质量浓度,克/毫升;

V——所取钙标准溶液的体积,毫升;

V_0——EDTA 标准滴定溶液的消耗体积,毫升。

所得结果应表示至 0.000 1 克/毫升。

3. 测定步骤　试样分解同饲料中钙的测定。

准确移取试样分解液 5～25 毫升(含钙量 2～25 毫克),加水 50 毫升,加淀粉溶液 10 毫升、三乙醇胺 2 毫升、乙二胺 1 毫升、1 滴孔雀石绿,滴加氢氧化钾溶液至无色,再过量 10 毫升,加 0.1 克盐酸羟胺(每加一种试剂都须摇匀),加钙黄绿素少许,在黑色背景下立即用 EDTA 标准滴定溶液滴定至绿色荧光消失呈现紫红色为滴定终点。同时做空白实验。

4. 测定结果　按以下公式计算:

$$X(\%)=\frac{T\times V_2}{m\times\frac{V_1}{V_0}}\times 100=\frac{T\times V_2\times V_0}{m\times V_1}\times 100$$

式中:X——以质量分数表示的钙含量,%;

T——EDTA 标准滴定溶液对钙的滴定度,克/毫升;

V_0——试样分解液的总体积,毫升;

V_1——分取试样分解液的体积,毫升;

V_2——试样实际消耗 EDTA 标准滴定溶液的体积,毫升;

m——试样的质量，克。

5. 重复性　同本节(八)。

四. 饲料中总磷的测定(分光光度法)

(一)适用范围　本方法适用于饲料原料(除磷酸盐外)及饲料产品中磷的测定。

(二)原理　将试样中的有机物破坏，使磷元素游离出来，在酸性溶液中，用钒钼酸铵处理，生成黄色的[$(NH_4)_3PO_4NH_4VO_3 \cdot 16MoO_3$]络合物，在波长400纳米下进行比色测定。

(三)试剂　①1+1盐酸溶液。②硝酸。③高氯酸。④钒钼酸铵显色剂：称取偏钒酸铵1.25克，加水200毫升，加热溶解，冷却后再加入250毫升硝酸，另称取钼酸铵25克，加水400毫升加热溶解，在冷却的条件下，将两种溶液混合，用水定容至1 000毫升，避光保存，若生成沉淀，则不能继续使用。⑤磷标准液：将磷酸二氢钾在105℃干燥1小时，在干燥器中冷却后，称取0.219 5克，溶解于水，定量转入1 000毫升容量瓶中，加硝酸3毫升，用水稀释至刻度，摇匀，即为50微克/毫升的磷标准液。

实验使用试剂除特殊规定外均为分析纯，所用水为蒸馏水或去离子水。

(五)仪器和设备

1. 样品粉碎机或研钵　实验室用。
2. 分样筛　孔径0.45毫米(40目)。
3. 分析天平　感量0.000 1克。
4. 分光光度计　可在400毫米下测定吸光度。
5. 比色皿　1厘米。

6. 高温炉　可控温度在 550℃±20℃。

7. 瓷坩埚　50 毫升。

8. 容量瓶　50 毫升、100 毫升、1 000 毫升。

9. 移液管　1.0 毫升、2.0 毫升、5.0 毫升、10.0 毫升。

10. 三角瓶　250 毫升。

11. 凯氏烧瓶　125 毫升、250 毫升。

12. 可调温电炉　1 000 瓦。

(六)试样制备

取有代表性试样 2 千克,用四分法将试样缩分至 250 克,粉碎过 0.45 毫米孔筛,装入样品瓶中,密封保存备用。

(七)测定步骤

1. 试样的分解

(1)干法{不适用于含磷酸二氢钙[$Ca(H_2PO_4)_2$]的饲料}

称取试样 2～5 克(精确至 0.000 2 克)于坩埚中,在电炉上小心炭化,再放入高温炉,在 550℃灼烧 3 小时(或测粗灰分后继续进行),取出冷却,加入 10 毫升盐酸和硝酸数滴,小心煮沸约 10 分,冷却后转入 100 毫升容量瓶中,用水稀释至刻度,摇匀,为试样分解液。

(2)湿法　称取试样 0.5～5 克(精确至 0.000 2 克)于凯氏烧瓶中,加入硝酸 30 毫升,小心加热煮沸至黄烟逸尽,稍冷,加入高氯酸 10 毫升,继续加热至高氯酸冒白烟(不得蒸干,蒸干会爆炸),溶液基本无色,冷却,加水 30 毫升,加热煮沸,冷却后,用水转移入 100 毫升容量瓶中并稀释至刻度,摇匀,为试样分解液。

(3)盐酸溶解法(适用于微量元素预混料)　称取试样 0.2～1 克(精确至 0.000 2 克)于 100 毫升烧杯中,缓缓加入盐酸 10 毫升,使其全部溶解,冷却后转入 100 毫升容量瓶中,用水稀释至刻度，摇匀，为试样分解液。

2. 工作曲线的绘制　准确移取磷标准液0.0毫升、1.0毫升、2.0毫升、4.0毫升、8.0毫升、16.0毫升于50毫升容量瓶中，各加钒钼酸铵显色剂10毫升，用水稀释到刻度，摇匀，常温下放置10分钟以上，以0.0毫升溶液为参比，用1厘米比色皿，在400纳米波长下用分光光度计测各溶液的吸光度。以磷含量为横坐标，吸光度为纵坐标，绘制工作曲线。

3. 试样的测定　准确移取试样分解液1.0～10.0毫升（含磷量50～750微克）于50毫升容量瓶中，加入钒钼酸铵显色剂10毫升，用水稀释到刻度，摇匀，常温下放置10分钟以上，用1厘米比色皿在400纳米波长下测定试样分解液的吸光度，在工作曲线上查得试样分解液的磷含量。

（八）测定结果的计算及表述

1. 结果计算　测定结果按以下公式计算：

$$X=\frac{m_1 \times V}{m \times V_1 \times 10^6} \times 100=\frac{m_1 \times V}{m \times V_1 \times 10^4}$$

式中：X——以质量分数表示的磷含量，%；

m_1——由工作曲线查得试样分解液磷含量，微克；

V——试样分解液的总体积，毫升；

m——试样的质量，克；

V_1——试样测定时移取试样分解液体积，毫升。

2. 结果表示　每个试样称取两个平行样品进行测定，以其算术平均值为测定结果应表示至小数点后两位。

（九）允许差　含磷量0.5%以下，允许相对偏差10%；含磷量0.5%以上，允许相对偏差3%。

五、饲料中水溶性氯化物的测定

(一)适用范围 本方法是用硫氰酸盐反滴定测定饲料中可溶性氯化物的方法。.

本方法适用于各种配合饲料、浓缩饲料和单一饲料。检测范围氯元素含量为0～60毫克。

(二)原理 溶液澄清,在酸性条件下,加入过量硝酸银溶液使样品溶液中的氯化物形成氯化银沉淀,除去沉淀后,用硫氰酸铵回滴过量的硝酸银,根据消耗的硫氰酸铵的量,计算出其氯化物的含量。

(三)试剂及其硝酸银标准溶液配制

1. 试剂 ①硝酸。②硫酸铁(60克/升):称取硫酸铁[$Fe_2(SO_4)_3 \cdot xH_2O$]60克加水微热溶解后,调成1 000毫升。③硫酸铁指示剂,250克/升的硫酸铁水溶液,过滤除去不溶物,与等体积的浓硝酸混合均匀。④1＋19氨水溶液。⑤硫氰酸铵[$c(NH_4CNS)$＝0.02摩/升],称取硫氰酸铵1.52克溶于1 000毫升水中。⑥氯化钠标准贮备溶液:基准级氯化钠于500℃灼烧1小时,干燥器中冷却保存,称取5.845 4克溶解于水中,转入1 000毫升容量瓶中,用水稀释至刻度,摇匀,此氯化钠标准贮备液的浓度为0.100 0摩/升。⑦氯化钠标准工作液,准确吸取氯化钠标准贮备溶液20.00毫升于100毫升容量瓶中,用水稀释至刻度,摇匀,此氯化钠标准溶液的浓度为0.0200摩/升。⑧硝酸银标准溶液[$c(AgNO_3)$＝0.02摩/升],称取3.4克硝酸银溶于1 000毫升水中,贮于棕色瓶内。

实验使用试剂除特殊规定外均为分析纯,所用水为蒸馏水或去离子水。

2. 硝酸银标准溶液[$c(AgNO_3)$＝0.02摩/升]的标定

(1)体积比　吸取上述硝酸银标准溶液20.00毫升，加硝酸4毫升，指示剂2毫升，在剧烈摇动下用硫氰酸铵溶液滴定，滴至终点为持久的淡红色，由此计算两溶液的体积比F：

$$F=\frac{20.00}{V_2}$$

式中：F——硝酸银与硫氰酸铵溶液的体积比；

20.00——硝酸银溶液的体积，毫升；

V_2——滴定用硫氰酸铵溶液体积，毫升。

(2)标定　准确移取氯化钠标准溶液10.00毫升，于100毫升容量瓶中，加硝酸4毫升，硝酸银标准溶液25.00毫升，振荡使沉淀凝结，用水稀释至刻度，摇匀，静置5分钟，于过滤入锥形瓶中，吸取滤液50.00毫升，加硫酸铁指示剂2毫升，用硫氰酸铵溶液滴定出现淡红棕色，且30秒钟不褪色即为终点。

硝酸银标准溶液浓度计算公式如下：

$$c(AgNO_3)=\frac{m'\times(20/1000)(10/100)}{0.05845\times(V_1-F\times V_2\times100/50)}$$

式中：$c(AgNO_3)$——硝酸银标准溶液摩尔浓度，摩/升；

m′——氯化钠质量，5.8454克；

V_1——硝酸银标准溶液体积，25毫升；

V_2——滴定用硫氰酸铵溶液体积，毫升；

F——硝酸银与硫氰酸铵溶液的体积比；

0.05845——与1.00毫升硝酸银标准溶液[$c(AgNO_3)$=1.0000摩/升]相当的以克表示的氯化钠质量。

所得结果应表示至4位小数。

(四)仪器设备

1. 样品粉碎机或研钵　实验室用的。

2. 分样筛　孔径 0.45 毫米(40 目)。

3. 分析天平　分度值 0.1 毫克。

4. 刻度移液管　10 毫升、2 毫升。

5. 移液管　50 毫升、25 毫升。

6. 滴定管　酸式,25 毫升。

7. 容量瓶　100 毫升、1 000 毫升。

8. 烧杯　250 毫升。

9. 滤纸　快速,直径 15.0 厘米;慢速,直径 12.5 厘米。

(五)样品的选取和制取　选取有代表性的样品,用四分法缩减至 200 克,粉碎至 40 目,密封保存,以防止样品组分的变化或变质。

(六)测定步骤

1. 氯化物的提取　称取样品适量(氯含量在 0.8%以内,称取样品 5 克左右;氯含量在 0.8%～1.6%,称取样品 3 克左右;氯含量在 1.6%以上,称取样品 1 克左右),准确至 0.000 2 克,准确加入硫酸铁溶液 50 毫升,氨水溶液 100 毫升,搅拌数分钟,放置 10 分钟,用干的快速滤纸过滤。

(2)测定　准确吸取滤液 50.00 毫升,于 100 毫升容量瓶中,加浓硝酸 10 毫升,硝酸银标准溶液 25.00 毫升,用力振荡使沉淀凝结,用水稀释至刻度,摇匀。静置 5 分钟,干过滤入 150 毫升干锥形瓶中或静置(过夜)沉化,吸取滤液(澄清液) 50.00 毫升,加硫酸铁指示剂 10 毫升,用硫氰酸铵溶液滴定,出现淡橘红色,且 30 秒钟不褪色即为终点。

(七)测定结果的计算　氯化物含量用氯元素的百分含量来表示,计算方法见下式:

$$\mathrm{Cl}(\%)=\frac{(V_1-V_2\times F\times 100/50)\times c\times 150\times 0.0355}{m\times 50}\times 100$$

式中：m——样品质量，克；

V_1——硝酸银标准溶液体积，毫升；

V_2——滴定消耗的硫氰酸铵溶液体积，毫升；

F——硝酸银与硫氰酸铵溶液体积比，

c——硝酸银的浓度，摩/升；

0.0355——与1.00毫升硝酸银标准溶液[$c(AgNO_3)=1.0000$ 摩/升]相当的以克表示的氯元素的质量。

所得结果应表示至2位小数。

（八）重复性 每个样品应取两份平行样进行测定，以其算术平均值为分析结果。

氯含量在3%以下（含3%），允许绝对差0.05；氯含量在3%以上，允许相对偏差3%。

六、饲料中粗灰分的测定

（一）适用范围 本方法适用于配合饲料、浓缩饲料及各种单一饲料中粗灰分的测定。

（二）原理 样品在550℃灼烧后所得残渣，用质量百分数来表示。残渣中主要是氧化物、盐类等矿物质，也包括混入饲料中的沙石、土等，故称粗灰分。

（三）仪器与设备

1. 样品粉碎机或研钵 实验室用的。
2. 分样筛 孔径0.45毫米（40目）。
3. 分析天平 分度值0.0001克。
4. 高温炉 有高温计且可控制炉温在550℃±20℃。
5. 坩埚 瓷质，容积50毫升。
6. 干燥器 用氯化钙（干燥试剂）或变色硅胶作干燥剂。

（四）样品的选取和制备 取具有代表性样品，粉碎至40目。用四分法缩减至200克，装于密封容器，防止样品的成分变化或变质。

（五）测定步骤 将洁净坩埚放入高温炉，在550℃±20℃下灼烧30分钟。取出，在空气中冷却约1分钟，放入干燥器冷却30分钟，称其质量。再重复灼烧，冷却、称量，直至两次质量之差小于0.0005克为恒重。

用已恒重的坩埚称取2～5克样品（灰分质量0.05克以上），准确至0.0002克，在电炉上小心炭化。在炭化过程中，应将样品在较低温度状态加热灼烧至无烟，然后升温灼烧至样品无炭粒，再放入高温炉，于550℃±20℃下灼烧3小时。取出，在空气中冷却约1分钟，放入干燥器中冷却30分钟，称取质量。再同样灼烧1小时，冷却，称量，直至两次质量之差小于0.001克为恒重。

（六）分析结果计算和表述 粗灰分含量（%）按下式计算：

$$粗灰分(\%)=\frac{m_2-m_0}{m_1-m_0}\times100$$

式中：m_0——为恒重空坩埚质量，克；

m_1——为坩埚加样品的质量，克；

m_2——为灰化后坩埚加灰分的质量，克。

所得结果应表示至0.01%。

（七）允许差 每个样品应称取两份进行测定，以其算术平均值为分析结果。

粗灰分含量在5%以上，允许相对偏差为1%；粗灰分含量在5%以下，允许相对偏差为5%。

七、饲料中粗脂肪的测定

(一)适用范围 本方法适用于各种单一、混合、配合饲料和预混料。

(二)原理 索氏(Soxhlet)脂肪提取器中用乙醚提取样品,称提取物的重量,除脂肪外还有有机酸、磷脂、脂溶性维生素、叶绿素等,因而测定结果称粗脂肪或乙醚提取物。

(三)仪器及试剂 ①无水乙醚。②实验室用样品粉碎机或研钵。③分样筛,孔径 0.45 毫米。④分析天平,感量 0.000 1 克。⑤电热恒温水浴锅,室温～100℃。⑥恒温烘箱,50℃～200℃。⑦索氏脂肪提取器(带球形或蛇形冷凝管),100 毫升或 150 毫升。⑧索氏脂肪提取仪。⑨滤纸或滤纸筒,中速、脱脂。⑩干燥器,用氯化钙(干燥级)或变色硅胶为干燥剂。

实验使用试剂除特殊规定外均为分析纯。

(四)样品的制备 选取有代表性的样品,用四分法将样品缩减至 500 克,粉碎至 40 目,再用四分法缩减至 200 克,于密封容器中保存。

(五)分析步骤

1. *仲裁法* 使用索氏脂肪提取器测定。

索氏提取器应干燥无水。抽提瓶(内有沸石数粒)在 105℃±2℃烘箱中烘干 60 分钟,干燥器中冷却 30 分钟,称重。再烘干 30 分钟,同样冷却称重,两次重量之差小于 0.000 8 克为恒重。

称取样品 1～5 克(准确至 0.000 2 克),于滤纸筒中,或用滤纸包好,放入 105℃烘箱中,烘干 120 分钟(或称测水分后的干样品,折算成风干样重)。滤纸筒或滤纸包长度应以样品可全部浸泡于乙醚中为准。将滤纸筒或包放入抽提管，在抽提瓶中加无水乙醚 60～100 毫升，在 60℃～75℃的水浴(用蒸馏水)上加热，使乙醚回流，控制乙醚回流次数为每小时约 10 次，共回流约 50 次(含油脂高的样品约 70 次)或检查抽提管流出的乙醚挥发后不留下油迹为抽提终点。

取出样品，仍用原提取器回收乙醚直至抽提瓶全部收完，取下抽提瓶，在水浴上蒸去残余乙醚。擦净瓶外壁。将抽提瓶放入 105℃±2℃烘箱中烘干 120 分钟，干燥器中冷却 30 分钟称重，再烘干 30 分钟，同样冷却称重，两次重量之差小于 0.001 克为恒重。

2. *推荐法*　使用脂肪提取仪测定。依各仪器操作说明书进行测定。

(六)测定结果的计算　计算见下式：

$$粗脂肪(\%)=\frac{m_2-m_1}{m}\times 100$$

式中：m——风干样品重量，克；

m_1——已恒重的抽提瓶重量，克；

m_2——已恒重的盛有脂肪的抽提瓶重量，克。

(七)重复性　每个样品取两平行样品进行测定，以其算术平均值为结果。

粗脂肪含量在 10%以上(含 10%)允许相对偏差为 3%。粗脂肪含量在 10%以下时，允许相对偏差为 5%。

(八)测定粗脂肪中最佳醚浸时间的掌握　粗脂肪测定中掌握最佳醚浸时间，既可节约时间，又可得到准确的分析结果。经研究可遵循以下原则：利用国际上通用的方法，粗脂肪含量小于 5%，醚浸 2 小时；粗脂肪含量 7%～12%的植物性饲料，醚浸6小时；粗脂肪含量7%～12%的动物性饲料，醚浸12小时(参考《饲料工业》1992年第5期文章)。

八、饲料中粗纤维的测定

(一)适用范围 本方法适用于各种混合饲料、配合饲料、浓缩饲料及单一饲料。

(二)原理 用浓度准确的酸和碱，在特定条件下消煮样品，再用乙醇除去可溶物，经高温灼烧扣除矿物质的量，所余量为粗纤维。它不是一个确切的化学实体，只是在公认强制规定的条件下测出的概略成分，其中以纤维素为主，还有少量半纤维素和木质素。

(三)试剂 实验使用试剂除特殊规定外均为分析纯，所用水为蒸馏水或去离子水(应符合GB/T 6682中三级用水规格)。

1. 硫酸溶液 0.128±0.005摩/升($H_2SO_4=98.08$)

(1)配制 硫酸标准溶液(0.128±0.005摩[尔]/升)：取浓硫酸3.40毫升，沿瓶壁缓缓注入盛有适量水的1 000毫升容量瓶中，冷却至室温，加水稀释至1 000毫升，摇匀。

(2)标定 准确量取30.00～35.00毫升配制好的硫酸溶液，加50毫升无二氧化碳的水及2滴酚酞指示液(10克/升)，用0.1摩/升氢氧化钠标准溶液滴定，近终点时加热至80℃，继续滴定至溶液呈粉红色。

(3)计算 计算式如下：

$$c(1/2H_2SO_4)=\frac{V_1c_1}{V}$$

式中：$c(1/2H_2SO_4)$——硫酸标准溶液之物质的量浓度，摩/升；

V_1——氢氧化钠标准溶液的用量，毫升；

c_1——氢氧化钠标准溶液的物质的量浓度，摩/升；

V——硫酸标准溶液的用量，毫升。

2. 氢氧化钠溶液　0.313±0.005 摩/升

(1)配制

方法 1：称取氢氧化钠适量，加水振摇使溶解成饱和溶液，冷却后，置聚乙烯塑料瓶中，静置数日，澄清后备用。

氢氧化钠标准溶液(0.313±0.005 摩/升)：取澄清的氢氧化钠饱和溶液 17.53 毫升，加新沸过的冷却水使其成 1 000 毫升，摇匀。

方法 2：直接称取 12.52 克氢氧化钠溶于适量水中，冷却后定溶至 1 000 毫升。

(2)标定　取在 105℃ 干燥至恒重的基准邻苯二甲酸氢钾约 1.5 克，准确至 0.000 2 克，加新沸过的冷却水 80 毫升，振摇，使其尽量溶解。加酚酞指示液 2 滴，用氢氧化钠标准溶液滴定。在接近终点时，应使邻苯二甲酸氢钾完全溶解，滴定至溶液显粉红色。

同时做空白试验，根据氢氧化钠溶液的消耗量与邻苯二甲酸氢钾的取用量，算出本液的浓度。

(3)计算　计算式如下：

$$c=\frac{m}{(V-V_0)\times 0.2042}$$

式中：c——氢氧化钠标准溶液的浓度，摩/升；

m——邻苯二甲酸氢钾的重量，克；

V——所耗氢氧化钠标准溶液的体积，毫升；

V_0——空白试验所耗氢氧化钠标准溶液的体积，毫升；

0.2042——与 1.00 毫升氢氧化钠标准溶液 c(NaOH)=1.000 摩/升相当的以克表示的邻苯二甲酸氢钾的质量。

(4)储藏　置聚乙烯塑料瓶中，密封保存。

3. 酸洗石棉　药品商店销售。

4. 95%乙醇　药品商店销售。

5. 乙醚　药品商店销售。

6. 正辛醇(防泡剂)　药品商店销售。

(四)仪器、设备

1. 样品粉碎机　实验室用的型号。

2. 分样筛　孔径1毫米(18目)。

3. 分析天平　感量0.0001克。

4. 电加热器(电炉)　可调节温度。

5. 电热恒温箱(烘箱)　可控温度在130℃。

6. 高温炉　有高温计可控制温度在500℃～600℃。

7. 消煮器　有冷凝球的600毫升高型烧杯或有冷凝管的锥形瓶。

8. 抽滤装置　抽真空装置，吸滤瓶和漏斗。(滤器使用200目不锈钢网或尼龙滤布)。

9. 古氏坩埚　30毫升，预先加入酸洗石棉悬浮液30毫升(内含酸洗石棉0.2～0.3克)再抽干，以石棉厚度均匀，不透光为宜。上下铺两层玻璃纤维有助于过滤。

10. 干燥器　以氯化钙或变色硅胶为干燥剂。

11. 粗纤维测定仪器　国内外生产的符合本方法测定原理，且测定结果一致的仪器。

(六)样品制备　将样品用四分法缩减至200克，粉碎，全部通过1毫米筛，放入密封容器。

（七）分析步骤

1. 仲裁法　称取 1～2 克样品，准确至 0.000 2 克，用乙醚脱脂（含脂肪大于 10%必须脱脂，含脂肪小于 10%，可不脱脂）。放入消煮器，加浓度准确且已沸腾的硫酸溶液 200 毫升和 1 滴正辛醇，立即加热，应使其在 2 分钟内沸腾。调整加热器，使溶液保持微沸，且连续微沸 30 分钟，注意保持硫酸浓度不变。样品不应离开溶液沾到瓶壁上。随后抽滤，残渣用沸蒸馏水洗至中性后抽干。用浓度准确且已沸腾的氢氧化钠溶液将残渣转移至原容器中并加至 200 毫升，同样准确微沸 30 分钟，立即在铺有石棉的古氏坩埚上过滤，先用 25 毫升硫酸溶液洗涤，残渣无损失地转移到古氏坩埚中，用沸蒸馏水洗至中性，再用 15 毫升乙醇洗涤，抽干。将古氏坩埚放入烘箱，于 130℃±2℃下烘干 2 小时，取出后在干燥器中冷却至室温，称重，再于 550℃±25℃高温炉中灼烧 30 分钟，取出后于干燥器中冷却至室温后称重。

2. 推荐法（粗纤维测定仪法）　称 1～2 克样品，准确至 0.0002 克（脱脂步骤同手工方法），置于 G_2 玻璃沙芯漏斗中，用坩埚夹将漏斗插入热萃取器；从顶部加入浓度准确预先煮沸的硫酸溶液 200 毫升和 2 滴正辛醇，将加热旋扭开到最大位置，待溶液沸腾后，将旋扭调到合适位置，使溶液保持微沸 30 分钟，抽滤，用沸蒸馏水洗至中性，加入浓度准确且煮沸的氢氧化钠溶液 200 毫升，同样准确微沸 30 分钟，抽滤，用沸蒸馏水洗至中性，将坩埚转移至冷萃取器，加入 25 毫升 95%乙醇，抽干，将漏斗转移到烘箱，于 130℃±2℃下烘干 2 小时，取出后在干燥器中冷却至室温，称重。再放入 550℃±25℃高温炉中灼烧 1 小时，干燥器中冷却至室温后称重。型号不同的仪器具体操作步骤见该仪器使用说明书。

(八)测定结果的计算 计算公式：

$$粗纤维(\%)=\frac{m_1-m_2}{m}\times100$$

式中：m_1——130℃烘干后坩埚及样品残渣重，克；

m_2——550℃灼烧后坩埚及样品残渣重，克；

m——样品(未脱脂)质量，克。

(九)重复性 每个样品取2个平行样品进行测定，以算术平均值为结果。

粗纤维含量在10%以下，允许绝对值相差0.4。

粗纤维含量在10%以上，允许相对偏差为4%。

第五节 饲料厂化验室的筹建

随着畜牧业的发展，饲料市场的竞争越来越激烈，饲料厂对产品质量的控制越来越严格。因此，近年来，依据国家相关文件的要求，许多饲料厂纷纷建起自己的化验室。以下对饲料厂化验室的筹建作一简单的介绍，供读者参考。

一、小型饲料厂化验室的筹建

一般需要1～2名技术人员，需要2～4间房屋，投资数万元，可以开展饲料常规项目的检验。实验室布局应分为仪器室、化学检验室、样品处理室、消化室。

(一)实验室布局

1. 仪器室 用于存放天平、分光光度计、资料柜等

2. 化学检验室 要求有自来水、水池、实验台、试剂柜、试剂架、排气扇等实验用具，用来做常规的化学实验。

3. 样品处理室 用于存放样品粉碎机、样品柜等，进行

样品的粉碎、存放等工作。

4. 消化室　要求安装有毒气柜，用于样品的消化处理。若购置自动消化炉，则需要有自来水装置。

(二)所需费用　饲料厂可根据生产规模及资金情况，购买不同的仪器设备，投资多少的关键在于分析天平、定氮仪的品种和价格等。

1. 分析天平　电子天平较贵，光电天平较便宜；电子天平国产的便宜，进口的贵。现在一般都购置电子天平，操作方便、准确。光电天平已很少使用，因其操作麻烦、不易掌握，且维修麻烦，需找专门的技术人员维修。

2. 定氮仪　凯氏定氮仪很便宜，一套200元左右，但操作麻烦，玻璃仪器容易损坏。购置全自动或半自动定氮仪及配套的蒸馏装置价格较贵，国产的一般需要1万元左右，进口的型号不同价格差别很大，需10万～30万元。

3. 高温炉　型号不同，工作室规格大小不同，价格常常相差1 000～2 000元。

4. 玻璃仪器　由于玻璃仪器易损坏，常常需要有一定的储备量。储备量大则投资多。储备量大小则根据饲料厂的位置、购置仪器设备的方便程度而定。

5. 化学试剂　由于化学试剂是消耗品，常常需要有一定的储备量。储备量大则投资多，储备量大小一般根据饲料厂的生产量大小、化验室的样品量多少、分析项目的多少、购买化学试剂的方便程度而定。

6. 水分测定仪　按国标方法水分的测定不需要水分测定仪，但一些饲料厂购置水分测定仪，是为了缩短水分的测定时间，方便生产。

(三)分析项目　筹建一个常规的饲料化验室，购置下述仪器设备、试剂，物品可以进行水分、粗蛋白质、钙、磷、粗脂肪、粗纤维、粗灰分、盐分(氯化钠)等常规项目的分析，也可以进行氯化胆碱含量、油脂的酸价、碘价、过氧化值、纯品微量元素添加剂硫酸铜、硫酸锌、硫酸亚铁、硫酸锰等含量的测定。

(四)仪器设备 筹建一个常规的饲料化验室需要的设备、玻璃仪器、试剂、物品可参考表1-4至表1-7。

表1-4 饲料常规化验室常用的仪器设备

名 称	型号规格	数 量	备 注
分析天平	万分之一，精确至0.1毫克	1台	电子天平6000元左右，光电天平2000元左右
高温炉(茂福炉)	室温～1000℃	1台	根据样品量多少确定高温炉工作室尺寸
电热恒温干燥箱	室温～300℃	1台	
可见光分光光度计		1台	若测定维生素纯品需购买紫外-可见分光光度计
可调电炉	二联1000瓦	1台	
	1000瓦	2台	
电热恒温水浴锅	二联	1台	
架盘天平	1000克	1台	
	100克	1台	
凯氏定氮仪		2套	购买改良型(加碱、加消化液分开)的容易操作
			饲料厂根据资金情况，还可选择全自动(或半自动)定氮仪以及配套的消化炉各1套
小型植物样品粉碎机		1台	或万能高速分碎机

表 1-5 饲料常规化验室常用的玻璃仪器

名 称	规 格	数 量	备 注
脂肪抽提器	250 毫升	2 套	
滴定管	25 毫升	2 套	白 色
容量瓶	1000 毫升	5 个	白 色
	100 毫升	20 个	白 色
试剂瓶	1000 毫升	5 个	白 色
	500 毫升	10 个	白 色
	500 毫升	5 个	棕色(用于存放需要避光保存的试剂)
	250 毫升	5 个	白 色
广口瓶	500 毫升	20 个	白 色
滴 瓶	60 毫升	5 个	棕 色
三角瓶	250 毫升	20 个	
烧 杯	2000 毫升	2 个	
	1000 毫升	2 个	
	500 毫升	10 个	
	250 毫升	10 个	
	150 毫升	10 个	
	50 毫升	10 个	
平底烧瓶	3000 毫升	1 个	
量 筒	500 毫升	2 个	
	250 毫升	2 个	
	100 毫升	2 个	
	50 毫升	2 个	
比色管	50 毫升	10 个	

续表 1-5

名　称	规　格	数　量	备　注
凯氏烧瓶	100 毫升	30 个	
玻璃漏斗	直径 9 厘米	10 个	
	直径 2 厘米	10 个	
玻璃珠		1 包	
玻璃管	直径 5 毫米	2 米	
玻璃棒	直径 3 毫米	2 米	
称量皿	直径 2.5 毫米×高 4.0 毫米	20 个	
干燥器	直径 300 毫米	1 个	
	直径 200 毫米	1 个	
移液管	100 毫升	1 支	单标线(大肚吸管)
	50 毫升	2 支	单标线
	25 毫升	2 支	单标线
	10 毫升	2 支	单标线
	10 毫升	2 支	刻度
	5 毫升	2 支	刻度
	2 毫升	2 支	刻度
	1 毫升	2 支	刻度
下口瓶	10000 毫升	1 个	

表 1-6 饲料常规化验室常用的化学试剂

名　称	纯度级别	包　装	数　量
五水硫酸铜	分析纯	500 克	1 瓶
无水硫酸钠	分析纯	500 克	1 瓶
硫酸铵	分析纯	500 克	1 瓶
硫酸铁	分析纯	500 克	1 瓶
硝　酸	分析纯	500 毫升	1 瓶
盐　酸	分析纯	500 毫升	2 瓶
硼　酸	分析纯	500 克	1 瓶
硫　酸	分析纯	500 毫升	5 瓶
氢氧化钠	分析纯	500 克	2 瓶
氢氧化钾	分析纯	500 克	1 瓶
氨水	分析纯	500 毫米	1 瓶
EDTA(乙二胺四乙酸二钠盐)	分析纯	250 克	1 瓶
盐酸羟胺	分析纯	100 克	1 瓶
三乙醇胺	分析纯	500 毫升	1 瓶
乙二胺	分析纯	500 毫升	1 瓶
钼酸铵	分析纯	500 克	1 瓶
偏矾酸铵	分析纯	500 克	1 瓶
硝酸银	分析纯	100 克	1 瓶
硫氰酸胺	分析纯	500 克	1 瓶
氯化钠	基准	100 克	1 瓶
碳酸钙	基准	100 克	1 瓶
邻苯二甲酸氢钾	基准	100 克	1 瓶
甲基红	指示剂	25 克	1 瓶
溴甲酚绿	指示剂	25 克	1 瓶

续表 1-6

名　称	纯度级别	包　装	数　量
钙黄绿素	指示剂	25 克	1 瓶
酚　酞	指示剂	25 克	1 瓶
甲基百里香酚蓝	指示剂	25 克	1 瓶
氯化钾	分析纯	500 克	1 瓶
无水乙醇	分析纯	500 毫升	1 瓶
无水乙醚	分析纯	500 毫升	2 瓶
可溶性淀粉	分析纯	500 克	1 瓶
凡士林	分析纯		1 瓶
变色硅胶	分析纯	500 克	2 瓶

表 1-7　饲料常规化验室常用的其他物品

名　称	规　格	数　量	备　注
铁架台		5 个	
十字头		5 个	
万能夹		5 个	
烧瓶夹		2 个	
漏斗架		2 个	
移液管架		1 个	
滴定管架		1 个	
洗　瓶	500 毫升	2 个	
滤　纸	直径 150 毫米	2 合	定　量
	直径 125 毫米	2 合	定　量
	直径 150 毫米	2 合	定　性
	直径 125 毫米	2 合	定　性

续表 1-7

名　称	规　格	数　量	备　注
乳胶管	6×9	1包	
胶　塞	2#,10#	各4个	
试管框	150×150毫米	2个	
坩　埚	50毫升	10个	
坩埚钳		2把	长、短各1把
止水夹		5个	普　通
		5个	螺　旋
比色管架	50毫升	1个	10孔
温度计	100℃	2只	
定时钟		1台	
称量用薄手套		2双	
线手套		5双	
镊　子		2把	大、小各一
各种毛刷		各2个	
称量纸		1包	专用称量纸最好，若无，普通广告光面纸可代替
塑料桶	25升	2个	装蒸馏水用
橡皮筋		1包	
标签纸		5张	
工作服		2件	
维修工具		1套	
胶头吸管		10支	
打孔器		1套	

二、大型饲料厂化验室的筹建

大型饲料厂化验室一般需要 3～10 名技术人员，需要4～6 间房屋，投资几十万元。既可以开展饲料常规项目的检验，又可以开展氨基酸、维生素、微量元素的检验。

所需仪器设备在上述常规分析实验室装备的基础上，还需要购置高效液相色谱仪和原子吸收光谱仪。

高效液相色谱仪，用于氨基酸、维生素、兽药、添加剂等的分析。同时需购置相关分析用的配套物品、化学试剂及标准品。

原子吸收光谱仪，用于微量元素的分析。同时需购置相关分析用的配套物品、化学试剂及标准品。

三、化验室技术人员的要求

化验室技术人员一般应选用相关专业的大学专科或本科毕业生。要求工作踏实认真，责任心强，并进行过相关技术培训或有相关的工作经验，方可上岗工作。因为该项工作技术性较强，若经验不足，或责任心不强，往往会报告出错误的数据，影响饲料厂的质量控制。

对于大型仪器高效液相色谱仪、原子吸收光谱仪的操作人员，需经过仪器公司或相关实验室的专业培训，方可进行工作。

第二章　配合饲料常用原料的质量控制

第一节　能量饲料原料的质量控制

一、玉　米

(一)概述　玉米是配合饲料中的主要组成部分,我国所产玉米约70%用于饲料。玉米为禾本科谷物类,其子实多数呈淡黄色和金黄色,少数呈白色,形状为牙齿状,略具甜味。

玉米的粗脂肪含量高,在3.5%～4.5%之间,有的高油玉米品种可达10%,淀粉含量可达70%,玉米的代谢能(鸡)为13.47～13.56兆焦/千克,在谷实类饲料中最高,玉米中粗纤维很少,仅1.6%。而无氮浸出物高达70.7%～71.8%,无氮浸出物消化率可达90%,此乃玉米可利用能量高的原因之一。

(二)质量标准　中华人民共和国国家标准(GB/T17890-1999)规定,饲料用玉米以粗蛋白质、粗纤维、粗灰分、水分及容重、不完善粒等为质量控制指标,按其含量分为三级,饲料用玉米的各项质量指标必须全部符合相应的等级。质量指标及等级见表2-1。本标准适用于饲料用玉米子实和杂玉米。

表 2-1　饲料用玉米的质量指标及等级

<table>
<tr><th colspan="2">质量指标＼等级</th><th>一　级</th><th>二　级</th><th>三　级</th></tr>
<tr><td colspan="2">粗蛋白质(干基),%</td><td>≥10.0</td><td>≥9.0</td><td>≥8.0</td></tr>
<tr><td colspan="2">粗纤维(干基),%</td><td><1.5</td><td><2.0</td><td><2.5</td></tr>
<tr><td colspan="2">粗灰分(干基),%</td><td><2.3</td><td><2.6</td><td><3.0</td></tr>
<tr><td colspan="2">容重,克/升</td><td>≥710</td><td>≥685</td><td>≥660</td></tr>
<tr><td rowspan="2">不完善粒,%</td><td>总量</td><td>≤5.0</td><td>≤6.5</td><td>≤8.0</td></tr>
<tr><td>其中生霉粒</td><td colspan="3">≤2.0</td></tr>
<tr><td colspan="2">水分,%</td><td colspan="3">≤14.0</td></tr>
<tr><td colspan="2">杂质,%</td><td colspan="3">≤1.0</td></tr>
<tr><td colspan="2">色泽、气味</td><td colspan="3">正常</td></tr>
</table>

注:粗纤维含量为 GB 10363-1989 之控制指标及等级;干基是指以干物质为基础

(三)质量控制

1. 感官鉴定　应包括外观是否霉变、杂质含量、子粒的大小及破损情况。检查的步骤如下。

(1)外观　饲料用玉米子粒外观应整齐、均匀,呈黄色或白色,检查无发热、结块、发芽及异味异臭,检查其有无霉变以及霉变的比例。检查样品中子粒的大小、皱瘪子粒的多少、破损玉米的比例。

(2)夹杂物　饲料用玉米内不得掺入饲料用玉米以外的物质,若加入抗氧化剂、防霉剂等添加剂时,应做相应的说明。检查样品中杂质的种类及含量。可能存在的杂质有石块、土粒、昆虫、动物污物、蓖麻籽等。

(3)干湿度　玉米的干湿程度直接影响其质量及储存,有经验的饲料原料管理者,用感官检测可初步判断玉米的干湿程度。判断方法见表 2-2。

表 2-2　玉米水分感官检测法

水分含量	看脐部	牙齿咬	手指掐	大把握	外　观
14%～15%	明显凹下，有皱纹	震牙，有清脆声	费　劲	有刺手感	
16%～17%	明显凹下	不震牙，有响声	稍费劲		
18%～20%	稍凹下	易碎，稍有声	不费劲		有光泽
21%～22%	不凹下，平	极易碎	掐后自动合拢		较强光泽
23%～24%	稍凸起				强光泽
25%～30%	凸起明显		掐脐部出水		光泽特强
30%以上	玉米粒呈圆柱形		压胚乳出水		

2. 实验室测定　检测项目包括容重、水分、粗蛋白质、粗纤维、粗灰分、霉菌总数、黄曲霉毒素 B_1。

根据上述指标的含量，对照国家标准对玉米进行分级，国标规定玉米的霉菌总数应低于 40 000 个/克，限制用量范围：40 000～100 000 个/克，超过 100 000 个/克禁用。国标规定玉米的黄曲霉毒素 B_1 含量不能超过 50 微克/千克。

从饲料中扦取具有代表性的样品，以烘干法测定水分含量。一般地区饲料用玉米水分不得超过 14.0%，东北、内蒙古、新疆等地区不得超过 18.0%。

测定容重通常以大量杯装满玉米，然后倒入称量盘中，进行称重。从而可以计算出容重，容重大者即说明其含水量高。

（四）存放条件及有毒有害成分 玉米子实在收获时虽然已达到成熟期，子实饱满，但含水量很高，可达30%以上。含水量高则含营养素低，而且容易导致霉菌孳生、腐败、变质。

玉米必须干燥脱水后，方可入库存放，入库的含水量不得高于14%。玉米子实应存放在阴凉、干燥的地方，并注意防止病虫害。

玉米子实经过粉碎以后，已经失去了防止水分进出子实的保护层，极易吸水、结块、发热和霉菌污染。在高温高湿地区，更易变质，配料时应在预混料中使用防霉剂。

当年的新玉米水分大，秋季阴雨天气空气湿度大，玉米易发霉，应注意监测霉菌总数是否超标，若超标会严重影响畜禽的健康。玉米易感染黄曲霉菌，生产中应注意监测黄曲霉毒素 B_1 是否超标。

二、小 麦

（一）概述 小麦是我国人民的主食，极少作为饲料，在小麦的市场价偏低的时候，或某些地区小麦的价格比玉米便宜，也可用作饲料。依外表颜色可分为茶褐色的红小麦和淡黄色的白小麦。小麦品种繁多，常见的有普通小麦、软质小麦、硬质小麦。

小麦的代谢能水平比玉米低，比大麦和燕麦高，约12.97兆焦/千克。小麦的代谢能水平低的原因并不是由于粗纤维高（粗纤维2.4%），而是由于粗脂肪含量少，仅1.8%，只及玉米的一半或更少。小麦的粗蛋白质含量高达12.1%以上。小麦取代玉米，取代量以1/3～1/2为宜，但如果在日粮中添加木聚糖酶，则可以全部取代玉米。

小麦如果做粉料，不宜粉碎太细，否则会引起粘嘴现象，造成适口性降低。如果做颗粒饲料，则无任何影响。小麦中所含的非淀粉多糖是戊聚糖，也会引起食糜粘度增加，影响它的吸收利用。由于小麦的能值较低，饲料效率略差，但可节省部分蛋白质来源，且可改善屠体品质。

小麦对猪的适口性较好，可全量取代玉米用于商品猪饲料。小麦用于猪饲料以粗粉为宜，太细影响适口性。

小麦类所含淀粉较软，宜用于鱼类饲料，尤以小麦及其副产品更适用于鱼类。目前，小麦是所有谷物中最适用于杂食鱼及草食鱼的淀粉质原料，而且有改善颗粒饲料硬度的功能。

(二)质量标准　我国粮食用小麦的国家标准规定，将小麦分为白色硬质小麦、白色软质小麦、红色硬质小麦、红色软质小麦、混合硬质小麦、混合软质小麦及特殊品种共 7 类。商品小麦的质量标准分为北方冬小麦、南方冬小麦及春小麦 3 类，分别按容重分为 5 级，1～5 级北方冬小麦的容重分别为 790 克/升、770 克/升、750 克/升、730 克/升和 710 克/升。不完善粒＜6％，杂质＜1.5％，水分＜12.5％。北方冬小麦的质量比后两者要求高一个档次，均以三级为中级标准，低于三级者为等外品。

我国国家标准(GB 10366-89)规定，饲料用小麦以粗蛋白质、粗纤维、粗灰分为质量控制指标，各项质量指标含量均以 87％干物质为基础，3 项质量指标必须全部符合相应等级的规定，二级饲料用小麦为中等质量标准，低于三级者为等外品。质量标准及分级见表 2-3。

表 2-3 饲料用小麦的质量指标及等级 (%)

质量指标 \ 等级	一 级	二 级	三 级
粗蛋白质	≥14.0	≥12.0	≥10.0
粗 纤 维	<2.0	<3.0	<3.5
粗 灰 分	<2.0	<2.0	<3.0

(三)质量控制

1. 感官鉴定　小麦子粒整齐,色泽新鲜一致,无发酵、霉变、结块及异味异臭。仔细观察是否有出芽小麦,是否混杂草子、杂质等,估计霉变、结块、出芽小麦、草子、杂质的种类及比例,饱满与干瘪小麦粒的百分比等,以便初步判断小麦的品质。

2. 实验室测定　检测的项目包括水分、粗蛋白质、粗纤维、粗灰分。

国家标准规定冬小麦的水分含量不得超过12.5%,春小麦的水分含量不得超过13.5%。

小麦品种间蛋白质含量差异较大,在计算配方时应予以注意,小麦的种皮部分含灰分和纤维较高,如果小麦粉粗灰分和粗纤维含量高,显示种皮部含量多。

(四)有毒有害成分　小麦也有污染麦角毒素的可能,有子实异常的,应进行检验。小麦赤霉病粒最大允许含量为4.0%。毒麦、麦角、染小麦线虫病、染小麦腥黑穗病的既属于杂质,有的又是检疫对象,应严加控制。黑胚小麦,由省、自治区、直辖市规定是否收购或收购限量。收购的黑胚小麦就地处理。卫生标准和动、植物检疫项目,按照国家有关规定执行。

三、小麦麸与次粉

（一）概述 小麦子实在通过磨辊的碾压和筛分后，大部分的胚乳形成精粉，种皮层形成麸皮，而大部分糊粉层、内外胚乳层和部分胚芽、少量胚乳和种皮形成次粉。次粉和麸皮同是加工面粉的副产品，由于加工工艺不同，制粉程度不同，出麸率不同，因而次粉和麸皮差异很大。

小麦麸又称麸皮，是小麦加工成面粉过程中的副产品。小麦麸的营养价值因加工工艺不同，差别很大。

小麦麸的粗纤维含量为 8.5%～12%，无氮浸出物约为 58%，每千克代谢能为 6.56～6.90 兆焦。粗蛋白质含量一般为 13%～15%，比小麦蛋白质含量高。赖氨酸含量较高，约为 0.67%，但蛋氨酸含量低，约为 0.11%。B 族维生素含量丰富。磷含量高，约为 1%，其中约 2/3 是植酸磷。钙含量比小麦高，但钙、磷比例差异很大。小麦麸中含有丰富的锰与锌，但含铁量差异较大。小麦麸属于粗蛋白质含量较高、粗纤维也高的中低档能量饲料，与米糠近似，但含脂率低，相对不易酸败。由于其适口性好，同时具有特殊的物理性状，在配合饲料中仍占有重要地位，一般用量在 5%～10%。

次粉又称黑面、黄粉、下等面或三等粉。之所以称“次粉”是指供人食用时口感差，其营养价值并不低。

次粉中蛋白质含量稍低于小麦麸或差异不大，但粗纤维含量显著下降，平均含量为 3.5%，代谢能值要比麸皮高，为 11.92 兆焦/千克。

目前，用作饲料的次粉和麸皮经常混在一起出售，很难严格加以区别，也没有以粗纤维的含量高低划分等级，质量相当不稳定。

(二)质量标准

1. 小麦麸的质量指标及等级　我国国家标准(GB 10368-1989)规定饲料用小麦麸以粗蛋白质、粗纤维、粗灰分为质量控制指标,各项指标均以87%干物质计算,按含量分为三级,3项质量指标必须全部符合相应等级的规定,二级饲料用小麦麸为中等质量标准,低于三级者为等外品。质量标准及分级见表2-4。

表2-4　饲料用小麦麸的质量指标及等级　(%)

质量指标＼等级	一级	二级	三级
粗蛋白质	≥15.0	≥13.0	≥11.0
粗纤维	<9.0	<10.0	<11.0
粗灰分	<6.0	<6.0	<6.0

2. 次粉的质量指标及等级　我国农业行业标准(NY/T 211-1992)规定饲料用次粉以粗蛋白质、粗纤维、粗灰分为质量控制指标,各项指标均以87%干物质计算,按含量分为三级,3项质量指标必须全部符合相应等级的规定,二级饲料用次粉为中等质量标准,低于三级者为等外品。质量标准及分级见表2-5。

表2-5　饲料用次粉的质量指标及等级　(%)

质量指标＼等级	一级	二级	三级
粗蛋白质	≥14.0	≥12.0	≥10.0
粗 纤 维	<3.5	<5.5	<7.5
粗 灰 分	<2.0	<3.0	<4.0

（三）质量控制

1. *感官鉴定* 小麦麸呈细碎屑状，略呈浅红色，质地较轻，要观察有无霉变、结块及异味异臭。小麦麸中易于掺假的成分有石粉及与小麦麸颜色接近的杂质，如沙土或黄土。

次粉呈粉状，粉白色至浅褐色，色泽新鲜一致，无发酵、霉变、结块及异味异臭，含草籽粉和干瘪小麦粉较多的次粉，颜色较深暗。

2. *实验室测定* 检测的项目包括色泽、容重、水分、粗蛋白质、粗纤维、粗灰分。

可以从小麦麸、次粉中取少量样品，测定其有效营养成分的含量。掺有细石粉的小麦麸、次粉其粗蛋白质含量较低。也可用测定其粗灰分含量的方法来判断其是否掺有细石粉，掺有细石粉的小麦麸、次粉其粗灰分含量超标。

3. *小麦麸、次粉中掺细石粉、沙土鉴别法* 可取少量样品放在玻璃杯中，用水反复冲洗，倒出上层麸皮或次粉及溶液，最后杯中的剩余物多为石粉、沙石等不容物，再用手指搓剩余物，若感觉是较硬的细颗粒，则是石粉。也可取少量样品放在白瓷板上或玻璃上，滴上几滴稀盐酸，如有较多的气泡生成，则可认为小麦麸中掺有细石粉。

（四）有毒有害成分 如果小麦麸、次粉中水分超过14%时，在高温高湿环境下易变质、结块，且有白色霉菌生长，气味难闻，则说明已变质，不宜作为饲料大量使用。

四、米　糠

（一）概述 稻谷加工的副产品统称为糠。以联合碾米机的砻谷部分将稻谷加工成糙米而得到的谷壳为砻糠。联合碾米机的碾米部分将糙米加工成普通大米而得到的副产品为米糠。米糠由种皮、糊粉层和胚组成，未经提油也称全脂米糠，米糠提油以后的产品称为脱脂米糠。脱脂米糠分为米糠饼和米糠粕，以压榨工艺取油所得副产品为米糠饼，浸提工艺或预压浸取油所得的副产品为米糠粕。脱脂米糠的能量浓度低于米糠，粗蛋白质含量有相应提高。

全脂米糠中粗脂肪含量为16.5%左右，代谢能为11.2兆焦/千克，赖氨酸含量为0.74%，蛋氨酸为0.25%，核黄素含量较高。米糠饼中粗脂肪含量为9%左右，代谢能为10.17兆焦/千克，赖氨酸含量为0.66%，蛋氨酸为0.26%。米糠粕中粗脂肪含量为2%左右，代谢能为8.28兆焦/千克，赖氨酸含量为0.72%，蛋氨酸为0.28%。全脂米糠、米糠饼及米糠粕中含磷量高，在1.4%～1.85%，但主要为植酸磷。含钙量低仅0.1%左右。

米糠中不应含有稻壳粉，但有些米厂将稻壳粉（又称秕糠）按一定比例与米糠混合，以统糠的名义出售。市场上的‘二八糠”、“三七糠”、“四六糠”即为稻壳粉所占比例分别为80%，70%，60%的统糠。统糠中稻壳粉的比例越高，其营养价值越低。

（二）质量标准

1. *米糠的质量指标及等级*　我国国家标准（GB 10371—1989）规定，饲料用米糠以粗蛋白质、粗纤维、粗灰分为质量指标。各项质量指标含量均以87%干物质为基础，按含量分为三级，3项质量指标必须符合相应等级的规定，二级为中等质量标准，低于三级者为等外品。质量指标及等级见表2-6。

表 2-6 饲料用米糠的质量指标及等级 (%)

质量指标＼等级	一级	二级	三级
粗蛋白质	≥13.0	≥12.0	≥11.0
粗纤维	<6.0	<7.0	<8.0
粗灰分	<8.0	<9.0	<10.0

2. 米糠饼的质量指标及等级　我国国家标准(GB 10372-1989)规定,饲料用米糠饼以粗蛋白质、粗纤维、粗灰分为质量指标,各项质量指标含量均以88%干物质为基础,按含量分为三级,3项质量指标必须符合相应等级的规定,二级为中等质量标准,低于三级者为等外品。质量指标及等级见表2-7。

表 2-7 饲料用米糠饼的质量指标及等级 (%)

质量指标＼等级	一级	二级	三级
粗蛋白质	≥14.0	≥13.0	≥12.0
粗纤维	<8.0	<10.0	<12.0
粗灰分	<9.0	<10.0	<12.0

3. 米糠粕的质量指标及等级　我国国家标准(GB 10373-1989)规定,饲料用米糠粕以粗蛋白质、粗纤维、粗灰分为质量指标,各项质量指标含量均以87%干物质为基础,按含量分为三级,3项质量指标必须符合相应等级的规定,二级为中等质量标准,低于三级者为等外品。质量指标及等级见表2-8。

表 2-8　饲料用米糠粕的质量指标及等级　（%）

质量指标＼等级	一　级	二　级	三　级
粗蛋白质	≥15.0	≥14.0	≥13.0
粗 纤 维	<8.0	<10.0	<12.0
粗 灰 分	<9.0	<10.0	<12.0

4. 饲料用米糠、米糠饼、米糠粕概略养分及能值　见表2-9。

表 2-9　饲料用米糠、米糠饼、米糠粕概略养分及能值

名　称	水　分（%）	粗蛋白质（%）	粗脂肪（%）	粗纤维（%）	粗灰分（%）	无氮浸出物（%）	代谢能（兆焦/千克）
米　糠	12	12.8	16.5	5.7	7.5	44.5	11.17
米糠饼	13	15.1	2.0	7.5	8.8	53.6	8.75
米糠粕	12	14.7	9.2	7.4	8.7	48.0	10.00

（三）质量控制

1. 感官鉴定　国家标准规定饲料用米糠呈淡黄灰色的粉状；饲料用米糠饼呈淡黄褐色的片状或圆饼状；饲料用米糠粕呈淡灰黄色粉状；色泽应新鲜一致，无发酵、霉变、虫蛀、结块及异味异臭。

全脂米糠略有油光感，含有微量碎米、粗糠；气味正常，具米糠特有的风味。因全脂米糠脂肪含量高，易出现酸败、霉味及异臭味。

脱脂米糠为黄色或褐色，烧烤过度时颜色深，有米味和特殊烤香，含有微量碎米、粗糠。脱脂米糠在脱脂过程中经加热，脂肪分解酶已被破坏，所以可长期贮存，不用担心脂肪氧化酸败问题。脱脂米糠成分受原料、制法影响很大，各批间成分也有差别。使用时要注意检查粗糠多少，如果粗糠含量多，则粗纤维含量高，粗蛋白质低，品质差。可用水漂法检查粗糠含量。

显微镜检。显微镜下稻壳粉为黄色至褐色不规则碎片，碎片上带有不规则格状条纹，有光泽。外表面带有针刺状茸毛和横纹线，容重为0.29～0.34千克/升。若视野中有大量稻壳粉或其他杂质，而米糠很少，则被检测物为统糠或掺假米糠。

2. 实验室测定　主要检测项目包括水分、粗蛋白质、粗纤维、粗灰分。

国家标准规定饲料用米糠及饲料用米糠粕中水分含量必须控制在13%以内，饲料用米糠饼中水分含量必须控制在12%以内。

3. 杂质检验　米糠中易掺黄土、细沙等杂物，可用溶于水的方法鉴别。

（四）有毒有害成分　全脂米糠中不饱和脂肪酸含量高，易酸败变质，不易贮藏，在炎热的夏天更难保存，使用时应注意控制其质量。

五、油脂类

（一）概述　在室温下，呈液态的脂肪叫油，呈固态的叫脂。油脂中的主要成分是甘油三酯，它的物理性质取决于脂肪酸的组成。油脂可分为动物性脂肪和植物性脂肪。

油脂类的组成主要为碳、氢、氧三种元素，部分脂类也含氮、磷、硫等元素。油脂分两大部分组成，一是主成分，二是副成分，主成分是三甘油脂，约占95%以上，剩余的为副成分，包括单酸甘油脂与甘油二脂、磷脂类、游离脂肪酸、固醇类、维生素A、维生素D（鱼肝油及奶油中含有）、维生素E及色素等。

饲料用油脂可利用人类不宜食用或人类不喜欢食用的油或油渣。动物性油脂的原料都来源于肉类加工厂的副产品，一般采用分离和浸提的方法，常用的动物油脂有牛脂、猪脂、鱼油、羊脂、鸡脂等。植物油是各种油料子实中榨取的油，常用的植物油有大豆油、玉米油、高溶点油（如棉籽油、椰子油）和含毒素油（如蓖麻油、桐油、棉籽油、菜籽油、大麻油）。

油脂的能量很高，并且容易被动物利用。以单位重量计算，它含的能量是纯淀粉的 3 倍，可高达 39.3 兆焦/千克，植物油的代谢能值为 34.3～36.8 兆焦/千克，动物脂的代谢能值为 29.7～35.6 兆焦/千克。动物油或植物油的代谢能值与日粮的组成、日粮中油脂含量以及家禽的周龄等因素有关。

饲料中添加油脂，可提高能量浓度和能量利用率，食后有饱腹感，是任何高热能饲料不可缺少的原料。肉仔鸡日粮中一般添加油脂 1%～3%。

油脂除了具有高能量外，还可减少饲料因粉尘而导致的损失，减轻热应激带来的能量损失，提高粗纤维的饲料利用价值，提高饲料风味，改善饲料外观，提高饲料粒状效果，减少混合机的磨损等。

（二）质量标准

1. 鱼油的质量指标及等级　鱼油是制造鱼粉的副产品，一般成分为游离脂肪酸 15%，不纯物 0.75%，不皂化物 1.5%，脂肪酸比例（不饱和/饱和）1.6～1.94。鱼油对水产动物而言不仅可供热能也是许多水产动物特有必需脂肪酸的来源，还是优良的诱食剂及维生素 A、维生素 D 天然来源。但是，鱼油的高度不饱和脂肪酸不饱和度比植物油更高，故容易变质，鱼油用量太高会使乳、肉、蛋等产品产生鱼腥味，尤其是变质鱼油更加严重。

目前我国饲料用鱼油尚无统一的国家标准，水产行业标准(SC/T 3502-1999)质量标准及等级见表2-10，供参考。

2. 大豆油的理化常数　大豆油在目前我国饲料行业应用较多，大豆油的理化常数及脂肪酸组成参见表2-11。

3. 一般动、植物油脂质量标准　目前我国饲料用油脂尚无统一的国家标准，一般动、植物油脂质量标准，美国、日本及我国台湾省饲料用油脂标准见表2-12至表2-15，供参考。

表 2-10　鱼油的质量指标及等级

项　目	单　位	精制鱼油		粗制鱼油	
		一　级	二　级	一　级	二　级
水　分	%	≤0.1	≤0.2	≤0.3	≤0.5
酸　价	毫克/克	≤1.0	≤2.0	≤8.0	≤15.0
碘　价	%	≥120	≥120	≥120	≥120
杂　质	%	≤0.1	≤0.1	≤0.3	≤0.5
过氧化值	毫摩/千克	≤5.0	≤6.0	≤6.0	≤10.0
不皂化物	%	≤1.0	≤3.0	—	—

表 2-11　大豆油物理—化学常数

项　目	物理—化学常数	项　目	物理—化学常数
密　度	0.9150～0.9375	碘　价	120～137
折光指数	1.4735～1.4775	皂化值	188～195
粘度 E(20℃)	8.5 左右	硫氰值	81～84
凝固点(℃)	−18～−15	总脂肪酸含量(%)	94～96
脂肪酸凝固点(℃)	20 左右	脂肪酸平均分子量	290 左右

表 2-12　一般动、植物油脂质量标准　(%)

项　目	一般可接受标准		美国加州农部标准		台湾省标准
	饲料级动物脂肪和禽类脂肪	动、植物性混合脂肪	饲料级动物脂肪和禽类脂肪	动、植物性混合脂肪	动物油脂
总脂肪酸(下限)	90.0	90.0	—	—	90.0
总脂肪物(下限)	—	—	98.0	95.0	20.0
游离脂肪酸(上限)	15.0	50.0	15.0	—	0.5
水分(上限)	1.0	1.5	—	—	0.5
杂质(上限)	1.5	1.0	—	—	2.5
不可皂化物(上限)	2.5	4.0	—	—	—
水分、杂质、不皂化物(MIU)(上限)	—	—	2.0	5.0	—
酸碱度(pH 值)(下限)	—	—	—	4.0	—
活性氧法(AOM)(下限)	—	—	—	—	40 小时

表 2-13　美国饲料用油脂的参考标准

项　目	质量标准
色　度	19%～39%
游离脂肪酸	10%～25%
稳定性	20 时以上
水分、不溶物、不皂化物	2%以下
融　点	36℃以上
抗氧化剂	名称、用量

表 2-14　日本饲料用油脂公定标准

项　目	质量标准
酸　价	30 以下
皂化价	190 以上
碘　价	70 以下
过氧化价	5 以下
羰基价	30 以下
水分、不纯物、不皂化物总量(%)	2 以下
融点(℃)	30～40
活性氧法(AOM)(97.8℃,20 小时)	30 以下
棉籽油或棉酸含量	阴　性
有机氯	阴　性
抗氧化剂(如衣索金 0.05%～0.1%)	添　加

表 2-15　水产动物用油脂之规格

项　目	中国台湾省规格		日本规格		
	精制水产物肝油	植物油	粗制水产物肝油	精制鲸油	精制植物油
外　观	黄色或金黄色	黄色或金黄色	黄色至黄褐色	黄色至黄褐色	黄色至黄褐色
气　味	具固有气味无异臭	具固有气味无异臭	具鱼腥味，不可变败	腥味淡，不可变败	不可变败
流动点	不高于－5℃	不高于－5℃	－5℃以下	－5℃以下	－5℃
碘　价	140～160	80～120	140～160	80～120	80～120
酸　价	2 以下	2 以下	2 以下	2 以下	2 以下
过氧化物价	10 以下	5 以下	5 以下	5 以下	5 以下

续表 2-15

项 目	中国台湾省规格		日本规格		
	精制水产物肝油	植物油	粗制水产物肝油	精制鲸油	精制植物油
不皂化物(%)	5 以下	3 以下	3 以下	3 以下	6 以下
维生素 A (单位/克)	500 以上	500 ~ 2000	500～2000	500 ~ 2000	500 ~ 2000
维生素 D_3 (单位/克)	100 以上	200 ~ 500	200～500	200 ~ 500	200 ~ 500

(三)质量控制 饲料用油脂为高能量饲料。由于价格高,掺假现象严重。被检出的掺假物主要有水,溶点较高的动物油中还检出面粉和食盐。同时,许多变质的食用油脂也涌入饲料市场,故饲料用油脂质量参差不齐。

1. 感官鉴定

(1)气味检查 每种油脂都有固有的气味,不正常酸败的油脂有哈喇味。检查方法:①盛装油脂的容器开口的瞬间用鼻子接近容器口,闻其气味;②取 1～2 滴油样放在手掌或手背上,双手合拢快速摩擦至发热闻其气味;③加热到 50℃上下闻其气味。

(2)滋味检查 取少许油样用舌头品尝。每种油脂都有其固有的独特滋味,不正常的变质油脂会带有酸、苦、辛辣等滋味和焦苦味,质量好的油脂则没有异味。

(3)色泽检查 每种油脂都有它固有的色泽。纯净的油脂是无色、透明,常温下略带粘性的液体。但因油料本身带有各种色素,在加工过程中,这些色素溶解在油脂中,而使油脂具有颜色。国家标准规定,色泽越浅,质量越好。

(4)色泽的鉴别方法　一般用直径 1～1.5 米长的玻璃扦油管抽取澄清无残渣的油品，油柱长约 25～30 厘米（也可移入试管或比色管中）在白色背景前反射光线下观察。冬季气温低，油脂容易凝固，可取油 250 克左右，加热至 35℃～40℃，使之呈液态，并冷却至 20℃左右，按上述方法进行鉴别。

(5)透明度　品质正常的油脂应该是完全透明的，如果油脂中含有磷脂、类脂、蜡质和含水量较大时，就会出现浑浊，使透明度降低。一般用扦油管将油吸出，用肉眼即可判断透明度，可分为清晰透明、微浊、浑浊、极浊、有无悬浮物、悬浮物多少等。

(6)沉淀物　油脂在加工过程中混入的杂质（泥沙、料坯粉末、纤维等）和磷脂、蛋白质、脂肪酸粘液、树脂、固醇等非油脂的物质，在一定条件下沉入油脂的下层，称为沉淀物。品质优良的油脂，应没有沉淀物，一般用玻璃扦油管插入底部把油吸出，即可看出有无沉淀或沉淀物多少。

(7)植物油脂水分和杂质的感官鉴别　植物油脂水分和杂质的鉴别是按照油脂的透明、浑浊程度，悬浮物和沉淀物的多少，以及改变条件后所出现的各种现象等，凭人的感觉器官来分析判断的。鉴别方法如下：

①取样判定法。取干燥洁净的扦油管一支，用大拇指将玻璃管上口按住，斜插入装油容器内至底部，然后放开大拇指，微微摇动，稍停后再用大拇指按住管口，提取观察油柱情况。在常温下，油脂清晰透明，水分杂质含量在 0.3%以下；若出现浑浊，水分杂质含量在 0.4%以上；若油脂出现明显的浑浊并有悬浮物，则水分杂质含量在 0.5%以上。把扦油管的油放回原容器，观察扦油管，若模糊不清，则水分在0.3%～

0.4%之间。

②烧纸验水法。取干燥、洁净的扦油管，用食指按住油管上口，插入静止的油容器里，直至底部，放开上口，扦取底部沉淀物少许，再用大拇指按住管口，提取扦油管，将扦取的底部沉淀物涂在易燃烧的纸片上点燃。燃烧时纸面出现气泡，并发出“吱吱”的响声，水分约在0.2%～0.25%之间；如果燃烧时发生油星四溅现象，并发出“叭叭”的爆炸声，水分约在0.4%以上；如果纸片燃烧正常，水分约在0.2%以内。

③加热法。用普通的铝勺或不锈钢勺1个，取有代表性的油样约250克，在炉火或酒精灯上加热到150℃～160℃，看其泡沫，听其声音和观察其沉淀情况(霉坏、冻伤的油料榨得的油例外)如出现大量泡沫，又发出“吱吱”响声，说明水分较大，约在0.5%以上；如有泡沫，但很稳定，也不发出任何声音，表示水分较少，一般在0.25%左右。加热后，撇去油沫，观察油的颜色，若油色没有变化，也没有沉淀，说明杂质一般在0.2%左右；如油色变深，杂质约在0.49%左右；如勺底有沉淀，说明杂质多，约在1%以上。用这种方法，加热温度不能超过160℃。

2. 感官检测后的初步质量判断

(1)动物油脂

①色泽。取熔融动物油脂于干燥无色透明试管中(直径为1.5～2厘米)，置于冷水或冰水中1～2小时，至油脂凝固，在15℃～20℃温度下用反射光观察，应为白色或略带淡黄色，牛、羊油脂为黄色或淡黄色。

②气味及滋味。在室温下嗅其味和口尝其滋味应正常无异味。

③稠度。在15℃～20℃时，猪脂为软膏状；牛、羊脂应为

坚实的固体状。

④透明度。取油脂样品100克于烧杯中，于水浴上加热熔化，过滤于干燥无色透明的量筒中，用透过光线及反射光线观察油脂，做出浑浊与否判定。正常油脂应透明。

色泽要新鲜，有其固有颜色及气味，无酸败等。不准留有残余原料（熬油原料）。

(2)豆油　呈淡黄色至棕黄色，具有豆油的香味和豆腥味，泡沫大。

第一，豆油分级。按其品质优劣可分为优质、良质、次质和劣质4种。

优质豆油：油色橙黄，清晰透明；气味、滋味正常，静置后有沉淀物痕迹；加热到280℃，油色不变深，无沉淀物析出。

良质豆油：油色橙黄至棕黄，稍微浑浊，气味、滋味正常，有微量沉淀物存在，加热至280℃油色变深，无沉淀物析出。

次质豆油：油色黄至棕褐色，稍浑浊，有少量悬浮物存在，静置后有少量沉淀物，气味、滋味正常，加热到280℃有沉淀物析出，无苦味，产生泡沫少。

劣质豆油：色泽、气味、滋味发生异常，浑浊，有明显的悬浮物存在。

第二，接收的豆油除判别其等级要符合标准外，特别要注意其是否酸败，即有无哈喇味。因油脂储存时间过长，很容易酸败，同时脂肪酸升高，必要时可做脂肪酸值、过氧化价、碘价的检验。

第三，无掺杂物，不准混入其他植物油或非植物油。

(3)菜籽油　毛菜籽油为深黄色或琥珀色，精制菜籽油为金黄色。一般菜籽油油色青黄至棕褐色，并稍显蓝色。具有菜籽油特有的气味和辛辣味；泡沫大，泡沫颜色青黄；将油涂于白色物体表面呈青黄色的油膜。

(4)玉米油　精制玉米油为浅黄色、具油香味，毛油为深棕色，不透明，有似咸鱼的气味。玉米油要有本身固有的气味、滋味、颜色，无异味，无酸败。

(5)棕榈油　是由棕榈果肉提炼加工的食用植物油。毛油颜色呈棕红色，精炼油呈黄色或柠檬色。因棕榈油中含有大量的天然抗氧化剂维生素 E 而耐贮藏。

(6)鱼油　是制造鱼粉的副产品，鱼油颜色呈透明色，精炼油呈黄色或金黄色，具有鱼腥味，无异臭。

(7)大豆磷脂　从大豆中提取出来的干燥脱油的大豆磷脂。是一种良好的乳化剂，具抗氧化作用。未精制者为深黄色，红棕色，颜色的深浅受很多因素影响，如原料、前处理过程，提油温度、脱胶条件及干燥等。若未经冷却立刻贮存则会变黑。

3. 品质控制项目

(1)总脂肪酸　包括游离脂肪酸及与甘油结合的脂肪酸总量。其量通常为油脂的 92%～94%。油脂能量大部分系由脂肪酸供应，所以总脂肪酸量为能量值指标。

(2)游离脂肪酸　游离脂肪酸由脂肪分解后产生(可作为新鲜度判断的根据)，对动物无害，但太高的游离脂肪酸(50%以上)表示油脂原料不好，会降低适口性。

(3)水分　油脂中含有水分，不但引起加工装置的腐蚀，同时易使油脂水解产生游离脂肪酸，加速脂肪的酸败，并降低脂肪的能量。

(4)不溶物或杂物　包括纤维质、毛、皮、骨、金属、沙土等细小颗粒无法溶解于石油醚的物质。这些物质会阻塞筛网和管口，或在贮存桶造成沉积，其量应限制在 0.5%以下。

(5)不皂化物　包括固醇类、碳氢化合物、色素、脂肪醇、维生素等不与碱发生皂化反应的物质，除蜡、焦油外，大部分成分仍有饲料利用价值，对动物无不良反应。

(6)酸价　酸价常用来评定油脂的酸败程度。酸价虽测定容易，但通常不能单纯用来评价油脂品质，须配合其他方法进行鉴定。油脂酸价的提高，部分由于油脂水解而生成游离脂肪酸，部分由于过氧化物的分解所产生羟基化合物再氧化而生成游离脂肪酸。

(7)过氧化价　过氧化物是在油脂氧化过程中生成的，所以过氧化价可做氧化程度的判断。但过氧化物与水共存在或高湿条件下甚易分解。因此，我们应了解，过氧化价只表示所存在的过氧化物量与分解量之差，还需配合其他氧化测定方法，以利品质的正确判断。

(8)羰基化合物　测定油脂中经酸败而产生的羰基化合物含量，也是判断油脂氧化程度的一种方法。

(9)硫代巴比妥酸(TBA)试验　油脂受到光、热、空气中氧的作用，发生酸败反应，分解出醛、酸之类的化合物。丙二醛就是分解产物的一种，它能与硫代巴比妥酸作用生成粉红色化合物，在538纳米(nm)波长处有吸收高峰，利用此性质即能测出丙二醛含量，从而推导出油脂酸败的程度。

(10)克雷斯(Kreis)试验　此为醛类酮类化合物的简便呈色反应，可做油脂氧化变质与否的定性反应。

(11)活性氧法(AOM)　就是将油脂保持一定高温而通入定量空气以促进氧化而对其评价。油脂的稳定性以过氧化价达到某一定值所需时间来表示，不同种类油脂有不同过氧化物标准。

(12)安全性及其他　农药、多氯联苯、杀虫剂、氯戴奥兴及其他具毒性物质均可能掺到油脂中，为防止中毒，应进行毒物测定试验。

4. 掺假检验

(1)掺入食盐的识别　从油桶底部取少许油样，用嘴尝，如有咸味则说明该油中掺有食盐。

实验室检验是从油桶底部取少许油样放入干净的试管(需用蒸馏水冲洗)中，加入5毫升蒸馏水，加热至沸，继续加热1～2分钟，稍冷却，趁热过滤，或静置冷却，待分层后用滴管吸取下层液体，在滤液(或下层液体)中加入1～2滴1.7%硝酸银溶液(称取1.7克硝酸银溶于100毫升蒸馏水中)，若有白色沉淀产生，则可确认被测油中掺有食盐。

(2)掺入面粉的识别　从油桶底部取少许油样放入干净的试管(需用蒸馏水冲洗)中，加热融化后加入2滴碘溶液，若变为蓝色，则表示油样中含有淀粉。

(四)应用中应注意的问题

第一，脂肪的大忌是水分及加热，因此贮存宜用贮槽，保持干燥，隔绝空气，避免过度加热，防止与金属铜的接触。贮槽、导管及控制阀等尽可能使用不锈钢材料。

第二，油脂容易氧化、酸败。如果油脂因氧化而产生了过氧化物，除本身受到破坏外，还破坏脂溶性维生素和胡萝卜素等，形成的毒性物质，阻碍生长，导致严重腹泻、甚至死亡。

第三，动物性油脂因在加工中加压加热，本身不会有细菌，但在贮存、运输中可能因交叉感染而染有杂菌，应注意检查。

第四，采用直接添加法时，需先将油脂变成流动状态(可用加热或热水循环加热至60℃～80℃，冬天要90℃左右)，再直接喷雾至饲料中。添加颗粒状油脂时，可先将3%的油脂加入原料中制成粒状，再将剩余的2%油脂用喷雾方式直接加入刚从制粒机中出来的温热颗粒饲料中。加入12%左右的动物性油脂也可制出硬度优良的粒状饲料。

第二节 动物性蛋白质饲料原料的质量控制

一、鱼 粉

(一)概述 鱼粉是以鱼为原料,去掉水和部分油脂加工制成的高品质蛋白质饲料。据统计,全世界每年捕获的鱼中约有3 000万吨不能直接用于人类食用,而制成鱼粉。鱼粉的主要出口国是秘鲁、智利、丹麦、冰岛和挪威。

鱼粉的蛋白质含量很高(典型的含粗蛋白质65%),并含有一定量的脂肪(9%),这使鱼粉有较高的能值。

鱼粉含有高浓度的必需氨基酸。动物有10种必需氨基酸,其中蛋氨酸、赖氨酸、色氨酸和苏氨酸为限制性氨基酸,鱼粉中这些限制性氨基酸的含量都很高,与质量较差的植物性蛋白质原料配合,可满足动物体对限制性氨基酸的需求。氨基酸以肽的形式存在,能被动物迅速吸收,它们是构成动物体蛋白如肌肉、酶等的主要成分。对猪和家禽来说,鱼粉中大多数必需氨基酸的真消化率大于90%。

鱼粉含有丰富的矿物质,含磷量特别高,达2.6%左右,而且含有钙、镁和许多必需微量元素如铁、铜、硒、锌等。

鱼粉中维生素的含量也很丰富,特别是维生素A、维生素D和B族维生素中的胆碱、泛酸、核黄素、烟酸、叶酸、生物素、吡哆醇和维生素 B_{12},而且也含有一定量的维生素E。

大多数鱼粉的脂质部分是由不饱和脂肪酸组成,可提高动物体的免疫力。这些多不饱和脂肪酸易于氧化、酸败,在现代鱼粉加工中，干燥后的鱼粉中通常要加入抗氧化剂以防止其变质。

(二)质量标准

1. 我国水产行业标准　鱼粉按感官特征以及粗蛋白质、粗脂肪、水分、盐分、粗灰分、沙分为质量控制指标，分为四级。质量指标及分级见表 2-16，表 2-17。

表 2-16　鱼粉的感官指标及等级

项目＼等级	特级	一级	二级	三级
色泽	黄棕色、黄褐色等鱼粉正常颜色			
组织	膨松，纤维状组织明显，无结块，无霉变	较膨松，纤维状组织较明显，无结块，无霉变	松软粉状物，无结块，无霉变	
气味	有鱼香味，无焦灼味和油脂酸败味	具有鱼粉正常气味，无异臭，无焦灼味		

表 2-17　鱼粉的理化指标及等级

项目＼等级	特级	一级	二级	三级
粉碎粒度	至少 98%能通过筛孔为 2.8 毫米的标准筛			
粗蛋白质(%)	≥60	≥55	≥50	≥45
粗脂肪(%)	≤10	≤10	≤12	≤12
水分(%)	≤10	≤10	≤10	≤12
盐分(%)	≤2	≤3	≤3	≤4
灰分(%)	≤15	≤20	≤25	≤25
沙分(%)	≤2	≤3	≤3	≤4

2. 市场上的鱼粉种类及其营养价值　见表2-18。

表2-18　鱼粉的种类及其营养价值

营养成分		国产鱼粉		浙江鱼粉	秘鲁鱼粉	白鱼整鱼	进口鱼粉
干物质	%	90.0	90.0	88.0	88.0	91.0	90.0
粗蛋白质	%	60.2	53.5	52.5	62.8	61.0	62.5
粗脂肪	%	4.9	10.0	11.6	9.7	4.0	4.0
粗纤维	%	0.5	0.8	0.4	1.0	1.0	0.5
无氮浸出物	%	11.6	4.9	3.1	0.0	1.0	10.0
粗灰分	%	12.8	20.8	20.4	14.5	24.0	12.3
消化能（猪）	兆焦/千克	12.55	12.93	13.05	12.47	16.74	12.97
代谢能（鸡）	兆焦/千克	11.80	12.13	11.46	11.67	10.75	12.18
消化能（牛）	兆焦/千克	13.14	12.97	12.89（羊）	12.97（羊）	13.26（羊）	13.10
赖氨酸	%	4.72	3.87	3.41	4.90	4.30	5.12
蛋氨酸	%	1.64	1.39	0.62	1.84	1.65	1.66
胱氨酸	%	0.52	0.49	0.38	0.58	0.75	0.55
苏氨酸	%	2.57	2.51	2.13	2.61	2.60	2.78
异亮氨酸	%	2.68	2.30	2.11	2.90	3.10	2.79
亮氨酸	%	4.80	4.30	3.67	4.84	4.50	5.06
精氨酸	%	3.57	3.24	3.12	3.27	4.20	3.86
缬氨酸	%	3.17	2.77	2.59	3.29	3.25	3.14
组氨酸	%	1.17	1.29	0.91	1.45	1.93	1.83
酪氨酸	%	1.96	1.70	1.32	2.22	—	2.01
苯丙氨酸	%	2.35	2.22	1.99	2.31	2.80	2.67
色氨酸	%	0.70	0.60	0.67	0.73	2.60	0.75

续表 2-18

营养成分		国产鱼粉		浙江鱼粉	秘鲁鱼粉	白鱼整鱼	进口鱼粉
钙	%	4.04	5.88	5.74	3.87	7.00	3.96
磷	%	2.90	3.20	3.12	2.76	3.50	3.05
钠	%	0.97	1.10	0.91	0.88	0.97	0.78
钾	%	1.15	0.94	1.24	0.90	1.10	0.83
铁	毫克/千克	80	292	670	219	80	181
铜	毫克/千克	8.0	8.0	17.9	8.9	8.0	6.0
锰	毫克/千克	10.0	9.7	27.0	9.0	9.7	12.0
锌	毫克/千克	80.0	88.0	123.0	96.7	80.0	90.0
硒	毫克/千克	1.50	1.94	1.77	1.93	1.50	1.62

注：检索自中国饲料数据库和中华人民共和国原商业部部颁标准

（三）质量控制

1. 感官鉴定

（1）眼观　纯鱼粉一般为黄棕色或黄褐色，也有少量的白鱼粉、灰白鱼粉和红鱼粉等因鱼品种不同而有差异。鱼粉为粉状，含鳞片、鱼骨、鱼眼等，处理良好的鱼粉均有可见的肉丝。而假鱼粉往往磨得很细，呈粉末状，看不到鱼肉纤维。优质鱼粉颜色一致（烘干的色深，自然干燥的色浅）。如果鱼粉中有棕色微粒，可能是棉籽壳的外皮；如果有白色、灰色及淡黄色的丝条，则是制革工业的下脚料；若鱼粉呈黑褐色、咖啡色，或表面呈褐色油污状，则表明鱼粉在储藏过程中发生过自燃或其他形式的氧化变质;若鱼粉呈灰色或污浊色,则可能混有草粉之类的植物杂质。

(2)鼻嗅　优质鱼粉具有烹烤过的鱼香味,并带有鱼油味。存放时间过久受潮而腐败变质的鱼粉,产生腥臭和刺鼻的氨臭味。掺有棉籽饼和菜籽饼的鱼粉,则有棉籽饼和菜籽饼的气味。

(3)触摸　优质鱼粉用手捻感到质地松软,呈肉松状。掺假鱼粉质地粗糙,通过手捻可发现掺进的黄沙。鱼粉中若有豆大的鱼粉团块,经手捻如果发粘,说明已酸败;如果捻散后呈灰白色,说明已发霉;若磨手,则表明有黄沙、贝壳粉等异物。

(4)品尝　新鲜鱼粉具鱼香味或干鱼片味,味淡。优质鱼粉含盐量低,口尝几乎感觉不到咸味,劣质鱼粉咸味较重。沙分高的鱼粉硌牙,自然干制的鱼粉味臭。

2. 物理鉴定

(1)称容重　粒度为1.5毫米的纯鱼粉,其容重为550～600克/升。如果容重偏大或偏小都可能不是纯鱼粉。

(2)用水浸泡　取样品于玻璃杯或其他容器中,加入5倍量的水,搅拌后静止数分钟,如果鱼粉中掺有稻壳粉、花生壳粉、锯末、小麦麸,即可浮在水面,而鱼粉则沉入水底。如果鱼粉中掺有黄沙,轻轻地搅拌后,鱼粉稍浮起旋转,而黄沙稍旋转即沉于底部;或经过多次加水把浮起的鱼粉倒掉,最后剩下的即为黄沙。

(3)燃烧　取一点鱼粉用火点燃,如果冒出的烟味好像毛发燃烧的气味,则是动物性物质;如果有谷物类干炒后的芳香味,这说明该鱼粉掺有植物性物质。

(4)筛选　优质鱼粉至少98%的颗粒能通过2.8毫米的

筛网。使用不同网目的筛子可大致检出混入的杂物。

取 50 克样品放在孔径为 0.84 毫米筛中,筛动 1 分钟,保留筛上一部分,将筛下部分放在孔径为 0.42 毫米筛中筛动 1 分钟。同样分级过孔径为 0.25 毫米、0.149 毫米筛,然后在明光下分别观察各筛上成分。

棉籽饼:如果在孔径为 0.42 毫米、0.25 毫米筛孔上存有大量绒团,并有褐色小颗粒,证明有棉籽饼存在。绒团物是棉绒,褐色小颗粒则是棉籽壳。

羽毛粉:在孔径为 0.25 毫米、0.149 毫米筛上有黄色或棕黄色小颗粒,且呈胶冻状,为半透明、有光泽的晶体。

菜籽饼:在孔径为 0.42 毫米、0.25 毫米筛上有棕红色薄片,薄片边缘卷曲。

稻壳:在孔径为 0.84 毫米、0.42 毫米筛上有不规则长方形浅黄色薄片,其表面粗糙,有条纹,微弯曲。

一般能通过孔径为 0.149 毫米筛孔的物质,多数是细糠和细土。

3. 显微镜检查　在体视显微镜下,借助太阳光或灯光,可看到鱼粉整体为黄棕色或黄褐色的蓬松状,可清晰地看到鱼骨、鱼刺和肌肉纤维,鱼眼珠为珍珠状的白色颗粒,无光泽,大小因原料鱼的大小而异。若掺入尿素或蛋白精,可以看到肌肉纤维与尿素粘在一起形成的大颗粒及尿素或蛋白精颗粒,尿素颗粒为白色,蛋白精颗粒为黄白色,用镊子尖端压颗粒物易碎成粉末状。若掺入水解羽毛粉,可以看到未水解完全的羽毛小枝,水解完全的羽毛粉呈圆条状和各种粒状,呈无色、浅黄色透明的松香样。若掺入血粉,则可看到红褐色或紫黑色的不规则颗粒,边缘较锐利。若掺入肉骨粉,可看到不规则的粒状、条状的骨粒,骨粒上可见小孔,而鱼骨无小孔,成薄片透明状、圆条状、喇叭状。掺入棉籽粕，可以看到表面覆盖着棉纤维的坚硬外壳和白色长条状棉丝，并有棕色棉籽肉。掺入菜籽粕可以看到褐色网状结构的菜籽皮及外表成蜂窝状的黄褐色颗粒。

4. 实验室测定　为了鉴别鱼粉品质的优劣，需要进行一些实验室的检测，常用的检测指标：水分、粗蛋白质、纯蛋白质、氨基酸、粗脂肪、盐分和灰分等。

(1)水分　鱼粉的水分含量应不低于 6%，如果太低，说明鱼粉受到过热的影响(或者是加工过程中温度太高，或者是贮藏过程中发热)。水分含量也不应超过 12%，否则在贮存过程中会发热，并出现微生物污染。

(2)粗蛋白质　优质鱼粉的粗蛋白质含量一般在 60%以上。粗蛋白质含量低，则灰分含量高，说明鱼骨含量高。如果鱼粉的粗蛋白质低于 60%，说明鱼粉加工原料中可能使用了去肉的鱼。鱼骨含量的增加会降低必需氨基酸的含量。

(3)纯蛋白质　目前粗蛋白质的测定是利用凯氏定氮法测定样品中的氮含量，从而计算出蛋白质的含量。掺假鱼粉中含有低质便宜的含氮物，如尿素、铵盐、甲醛－尿素聚合物(蛋白精)等非蛋白含氮物，亦称“蛋白粉”，以提高原料中含氮量。因此，粗蛋白质的含量无法反映蛋白质的真实含量。对此，可在样品消化前将上述非蛋白氮溶于水过滤掉，再进行测定，其结果即为纯蛋白质的含量。然后根据纯蛋白质与粗蛋白质的比值来推断是否掺有非蛋白含氮物。若得到的纯蛋白质与粗蛋白质的比值小于 80%，则可判断掺有此类“蛋白粉”。

(4)氨基酸分析及评定　为了进一步鉴定鱼粉的掺假，可测定鱼粉中各种氨基酸的含量来进一步判断鱼粉中是否掺入羽毛粉、血粉、肉骨粉。由于羽毛粉的丝氨酸含量在各种动物原料中含量最高，高达8%左右，是鱼粉中丝氨酸含量的3倍左右，而羽毛粉中苏氨酸与鱼粉中丝氨酸、苏氨酸含量较接近。因此，只要鱼粉中丝氨酸含量高出苏氨酸，且蛋氨酸、赖氨酸含量下降较多，一般可以认为掺有羽毛粉。

血粉中组氨酸含量在4.5%左右，缬氨酸含量在7%左右，亮氨酸含量在9%左右，均是鱼粉中含量的2倍左右。血粉中异亮氨酸含量较低，在1%左右，只有鱼粉中含量的1/3。鱼粉中亮氨酸与异亮氨酸之比常在1.7左右，血粉中亮氨酸与异亮氨酸之比常在9左右。因此，若鱼粉中组氨酸、缬氨酸、亮氨酸含量升高，异亮氨酸含量下降，亮氨酸与异亮氨酸之比在2以上，赖氨酸含量略有升高，蛋氨酸含量有所下降时，一般可认为鱼粉中掺有血粉。

肉骨粉中甘氨酸含量最高，达18%左右，是鱼粉中含量的4倍以上，且其脯氨酸含量较高，达12%左右，是鱼粉中含量的4倍以上。因此，只要鱼粉中甘氨酸达5%以上，同时脯氨酸含量达3.5%以上，且赖氨酸含量下降时，一般可认为鱼粉中掺有肉骨粉。

(5)粗脂肪　应在8%～10%之间，最多不能超过12%。粗脂肪过高，鱼粉不易贮存。

(6)灰分、盐分　用全鱼制得的鱼粉其灰分含量一般在10%～17%之间，酸不溶灰分(沙分)应低于1%，灰分富含钙、磷。鱼粉中的盐分应低于4%。即盐分和沙分的总和应小于5%。南美鱼粉的灰分含量一般在15%～17%之间。

(7)粗纤维　纯鱼粉中不含粗纤维，故可用常规法测定样品中的粗纤维含量，从而判断是否有植物性物质。

(8)消化率测定判别法　取鱼粉样品约5克，用乙醚脱脂

(浸提4小时以上)后,在室温下放置1昼夜。准确称取脱脂样品0.5克(精确至0.0002克)于250毫升的具塞三角瓶中,加入150毫升预热至42℃～45℃的0.002%胃蛋白酶盐酸溶液。将三角瓶放在45℃水浴锅中静置16小时,随后用定量慢速滤纸过滤,用温水充分洗涤残渣多次,风干滤纸和残渣约20小时,取下滤纸卷成细长卷儿放入凯氏烧瓶内。其余步聚同测粗蛋白质的方法,测定结果即消化处理后的粗蛋白质含量。判定方法:鱼粉粗蛋白质的消化率大于90%者为合格。

$$消化率(\%)=\frac{粗蛋白质量-消化处理后粗蛋白质量}{粗蛋白质量}\times 100\%$$

5. 掺假检验　常用的掺假原料有羽毛粉、血粉、皮革蛋白粉、尿素及其衍生物、肉骨粉、虾粉和饼粕类原料等。

(1)掺入植物性物质　采用烟雾测试法检验。

取样品少许,火焰燃烧,以石蕊试纸测试产生的烟雾,若试纸呈红色,系酸性反应,为动物性物质;试纸呈蓝色,系碱性反应,说明鱼粉中掺有植物性物质。

(2)掺入石粉、贝壳粉、蟹壳粉等　采用气泡鉴别法检验。

取样品少许放入烧杯,加入适量的1+3盐酸溶液,若有大量气泡产生并发出吱吱的响声,说明掺有石粉、贝壳粉、蟹壳粉等物质。气泡产生的情况,可对比参照样进行观察,气泡产生的强烈程度由强到弱依次为石粉、贝壳粉、虾壳粉、蟹壳粉。

(3)掺入血粉

方法一:取被检鱼粉1～2克于烧杯中加水5毫升,搅拌后静置数分钟过滤。另取一试管,加入N,N－二甲基苯胺粉少许,加入冰醋酸约2毫升使其溶解,再加入3%的过氧化氢

(现用现配)溶液2毫升,摇匀。将样品过滤液徐徐注入试管中,如两液接触面出现绿色的环或点,即说明有血粉存在。

方法二:取少许样品于培养皿中。将N,N-二甲基苯胺溶液(将1克N,N-二甲基苯胺溶解于100毫升冰醋酸中,然后用150毫升水稀释)和3%过氧化氢溶液(现用现配)以4∶1混合后,取1～2滴该试剂于待检样品上。将样品置于30～50倍显微镜或放大镜下观察,如有血粉存在,在血粉颗粒周围呈现深绿色,与试剂的浅绿色对比鲜明。

(4)掺入羽毛粉　取被检鱼粉10克,置100毫升高型烧杯中,从上方倒入四氯化碳80毫升,搅拌后放置让其沉淀,将漂浮层倒入滤纸过滤。将滤纸上样品用电吹风吹干。取样品少许置培养皿中在30～50倍显微镜下观察,可见表面粗糙且有纤维结构的鱼肉颗粒外,还可见少量的羽毛、羽干和羽管(中空、半透明)。经水解的羽毛粉有的形同玻璃碎粒,质地与硬度如塑胶,呈无色、浅黄色、灰褐色或黑色。

(5)掺入木屑、稻壳、花生壳等含木质素的物质　取被检鱼粉2～5克置于培养皿中,用间苯三酚溶液(取间苯三酚2克,加90%的乙醇至100毫升使溶解,摇匀,置棕色瓶内保存)浸润样品5～10分钟;然后加1～2滴浓盐酸,如呈深红色,表示有木质素物质的存在。

(6)掺入皮革粉　二苯基卡巴腙试剂显色法:取2克被检鱼粉于瓷坩埚中灰化。冷却后用水湿润,加1摩/升硫酸10毫升,使之呈酸性。滴加3～5滴二苯基卡巴腙溶液(取0.2克二苯基卡巴腙于100毫升乙醇溶液中),如呈紫红色,表示有皮革粉存在。

消化液颜色比较法:在测定鱼粉的粗蛋白质时,首先要用浓硫酸对样品进行消化。可以根据样品消化液的颜色和透明度鉴别鱼粉中是否掺有皮革粉。纯鱼粉经过常规消化可得到蓝色透明的溶液，而掺有皮革粉的鱼粉则消化液为黄绿色的浑浊液。

氧化显色法：以铬鞣制的皮革中所含铬元素，通过灰化，部分变为 3 价铬和 6 价铬。3 价铬在强碱性溶液中以偏亚铬酸根离子的形式存在，此离子可被双氧水氧化为黄色。以此可鉴别含铬的皮革粉的存在。

也可测定鱼粉中铬含量，来判断是否掺入皮革粉，鱼粉中金属铬（以 6 价计）允许量小于 10 毫克/千克。

(7) 掺入尿素

加热测试法：取样品 20 克于小烧瓶中，加 10 克大豆粉、适量水，加塞后加热 15 分钟左右。拿掉塞子后如闻到氨气味，说明有尿素。

pH 试纸法：取被检鱼粉 10 克于烧杯中，加水 30 毫升，用力搅拌后放置数分钟过滤。取样品过滤液 5 毫升于试管中置火源上加热。待液体快干时，用湿润的 pH 试纸检查管口。如果立刻变蓝色，并有氨气味，说明有尿素存在。

甲酚红指示剂法：取被检鱼粉 10 克于烧杯中，加水 100 毫升，搅拌后放置数分钟过滤，取样品过滤液 2 毫升于白色点滴盘上，加 2～3 滴甲酚红指示剂（取 0.1 克甲酚红溶于 100 毫升乙醇溶液中），然后加 2～3 滴尿素酶溶液（将 0.2 克尿素酶粉末溶于 50 毫升水中），静置 3～5 分钟，若有尿素存在即呈深紫红色，且散开如同蜘蛛网似的；无尿素存在则只显黄色。

碘化汞钾试剂法：取待测鱼粉样品 5 克置于 250 毫升烧杯中，加 25 毫升蒸馏水充分搅拌静置 10 分钟，过滤后取滤液 5 毫升，加碘化汞钾试剂（碘化汞钾试剂的配制：称取氯化汞

1.5 克、碘化钾 5 克，分别溶于 50 毫升和 20 毫升蒸馏水中，将两液混合加蒸馏水至 100 毫升，装棕色瓶内备用)1 毫升，加 20%的氢氧化钠溶液 1 毫升，观察颜色变化。如呈棕红色或红色则表示鱼粉中混有铵化物；如不变色仅呈现浑浊，静置过夜试管底有铝灰色沉淀，即表示有尿素存在。

萘氏试剂法：称取鱼粉 2 克，加水 15 毫升，静置 20 分钟过滤，取滤液少许放于蒸发皿中，再加 2%氢氧化钾数滴放在水浴锅上蒸发干。加水数滴，放黄豆粉少许，停 3 分钟滴入 1 滴萘氏试剂[称取氢氧化钾 67 克溶于 230 毫升蒸馏水中为第一液；称取 10 克碘化钾溶于 25 毫升蒸馏水中，加硫化汞至饱和状态(约需 16 克)为第二液。两者混合即成萘氏试剂]，若出现黄色或黄褐色沉淀，则说明鱼粉中掺有尿素。

(8)掺入含淀粉的谷实类物质　取被检鱼粉 1～2 克于小烧杯中，加水 5 毫升，搅拌后置电炉上加热 3 分钟。冷却后滴入 1～2 滴碘－碘化钾溶液(2 克碘溶于 100 毫升 6%的碘化钾溶液)，若溶液呈蓝紫色，则样品中有含淀粉的物质存在。

(四)使用鱼粉的注意事项

1. 食盐含量　良好鱼粉的食盐含量在 1%～2%。劣质鱼粉的食盐含量可能达到 10%～20%，如果添加量达到 5%～10%，饲粮中的食盐含量将达到 1%以上，引起动物腹泻甚至食盐中毒。食盐超标的主要原因是小型捕捞工厂，为防止鱼的腐败而大量加入廉价的海盐所致。

2. 氧化酸败　由于鱼粉营养物质丰富，是微生物繁殖的良好场所，脂肪含量高，易氧化酸败，应注意贮藏在通风和干燥的地方。变质鱼粉不宜再用于配制饲料。

3. 沙门氏菌污染　鱼粉很易出现沙门氏菌污染，这是欧洲国家抵制动物性饲料原料的主要原因。沙门氏菌的污染主要有两方面的危害：一是直接危害的对象是动物本身，出现消化道疾病；二是通过动物间接污染畜产品。

4. *胺类物质和肌胃糜烂素*　鱼粉保存不当，很易分解产生胺类物质，对动物有很强的毒害作用。大量组胺可刺激胃酸分泌，使幼龄家禽出现肌胃糜烂。鱼粉加工温度过高，可使组胺与赖氨酸反应生成肌胃糜烂素，肌胃糜烂素增加胃酸分泌的能力是组胺的 10 倍，致肌胃糜烂的能力是组胺的 300 倍。

二、肉粉与肉骨粉

（一）概述　肉粉是用动物屠宰后不宜食用的下脚料以及肉类罐头厂、肉品加工厂等的残余碎肉、内脏经过切碎，充分煮沸，压榨，尽可能分离脂肪，残余物干燥后制成粉末，就是肉粉。纯肉粉中不含骨头，加工中含骨头的称为肉骨粉。肉骨粉是指动物杂骨、下脚料、废弃物经高温处理、干燥和粉碎后的粉状物。肉骨粉是由不适于食用的家畜躯体、骨头、胚胎、内脏及其他废弃物制成，也可用非传染病死亡的动物胴体制作。死因不明的动物躯体经高温高压处理，也可用于制作肉骨粉。一般将含磷在 4.4%以上者称肉骨粉，含磷在 4.4%以下者称为肉粉。

肉粉、肉骨粉为粉状，通常呈金黄色、灰黄色、淡褐色或深褐色，含脂肪高时，颜色较深，加热处理时颜色也会加深，一般用猪肉骨制成者颜色较浅。肉粉、肉骨粉具有新鲜的肉味，并具有烤肉香及牛油或猪油味，肉骨粉内一般含有粗骨粒。所用原料的质量和组成对肉骨粉的质量有影响，不同地区原料的质量也有差异。肉骨粉可用作所有家禽、单胃家畜、特种动物和宠物配合饲料的蛋白质饲料来源，牛、羊配合饲料中禁用。

肉骨粉和肉粉的饲料价值比鱼粉和豆饼差，且不稳定。随饲粮中肉骨粉和肉粉用量增加，饲粮适口性降低，动物生长成绩下降。鸡、猪饲料用量6%以下为宜，并补充所缺乏的氨基酸及注意钙、磷平衡，含碎肉多的产品对雏鸡生长较佳，磷几乎可全部利用。在肉猪饲料中随用量增加，适口性与长势呈下降趋势，品质不良的产品更为明显，故用量以不超过5%为宜，一般多用于肉猪及种猪饲料，仔猪避免使用。

（二）质量标准

1. 肉骨粉的质量指标及等级　我国国家标准(GB 8936-1988)规定，肉骨粉按感官特征以及水分、粗蛋白质、粗脂肪、钙、磷为质量控制指标，分为三级。质量指标及分级见表2-19，表2-20。

表2-19　肉骨粉的感官指标及等级

项目＼等级	一级	二级	三级
色泽	褐色或灰褐色	灰褐色或浅棕色	灰色或浅棕色
状态	粉状		
气味	具固有气味	无异味	无异味

表2-20　肉骨粉的质量指标及等级　(%)

项目＼等级	一级	二级	三级
粗蛋白质	≥26.0	≥23.0	≥20.0
粗脂肪	≤8.0	≤10.0	≤12.0
水分	≤9.0	≤10.0	≤12.0
钙	≥14.0	≥12.0	≥10.0
磷	≥8.0	≥5.0	≥3.0

2. 常用肉骨粉的种类及营养成分　常用肉骨粉按粗蛋白质含量分多种，各项常规营养指标及范围参见表2-21。

表2-21　肉骨粉各项营养指标及范围（%）

营养指标	45%肉骨粉	50%肉骨粉	50%肉骨粉（溶剂提油）	50%～55%肉骨粉
水　分	6.0(5.0～10.0)	6.0(5.0～10.0)	7.0(5.0～10.0)	5.4(4.8～8.0)
粗蛋白质	46.0(44.0～48.0)	50.0(48.5～52.5)	50.0(48.5～52.5)	54.0(50.0～57.0)
粗脂肪	10.0(7.0～13.0)	8.0(7.5～10.5)	2.0(1.0～4.0)	8.8(6.0～11.0)
粗纤维	2.5(1.5～3.0)	2.5(1.5～3.0)	2.5(1.7～3.5)	—
粗灰分	35.0(31.0～38.0)	28.5(27.0～33.0)	30.0(29.0～32.0)	27.5(25.0～30.0)
钙	10.7(9.5～12.0)	9.5(9.0～13.0)	10.5(10.0～14.0)	8.0(6.0～10.0)
磷	5.4(4.5～6.0)	5.0(4.6～6.5)	5.5(5.0～7.0)	3.8(3.0～4.5)

3. 肉骨粉的营养成分及营养价值　见表2-22。

表2-22　肉骨粉的营养成分及营养价值

营养成分		单　位	熬油后的肉骨粉	屠宰下脚料，带骨干燥粉碎的肉骨粉
常规成分	干物质	%	93.0	92.6
	粗蛋白质	%	51.5	50.0
	粗脂肪	%	10.9	8.5
	粗纤维	%	0	2.8
	无氮浸出物	%	0	—
	粗灰分	%	30.6	33.0
有效能	消化能(猪)	兆焦/千克	10.20	11.84
	代谢能(鸡)	兆焦/千克	9.96	8.20

续表 2-22

营养成分		单 位	熬油后的肉骨粉	屠宰下脚料，带骨干燥粉碎的肉骨粉
氨基酸	赖氨酸	%	2.51	2.60
	蛋氨酸	%	0.68	0.67
	胱氨酸	%	0.50	0.33
	苏氨酸	%	1.62	1.63
	异亮氨酸	%	1.34	1.70
	亮氨酸	%	2.98	3.20
	精氨酸	%	3.45	3.35
	缬氨酸	%	2.04	2.25
	组氨酸	%	0.91	0.96
	酪氨酸	%	1.07	—
	苯丙氨酸	%	1.62	1.70
	色氨酸	%	1.28	0.26
矿物质及微量元素	钙	%	10.00	9.20
	磷	%	4.98	4.70
	植酸磷	%	0.0	0.0
	钠	%	0.63	0.73
	钾	%	0.65	1.40
	铁	毫克/千克	606	500
	铜	毫克/千克	11.0	1.5
	锰	毫克/千克	17.0	12.3
	锌	毫克/千克	96.0	—
	硒	毫克/千克	0.31	0.25

注：检索自中国饲料数据库

(三)质量控制

1. 感官鉴定　肉粉及肉骨粉通常呈黄色至淡褐色和深褐色粉末状,含脂肪高者色深,过热处理时颜色也会加深,一般牛羊肉骨粉颜色较深,猪肉骨粉颜色较浅。要求色泽正常,粒度均匀,柔软松散,无异常气味,无腐败变质,含粗骨粒和肉质,有新鲜的肉味,并具烤肉香味及牛油或猪油味道。贮存不良或变质时,会出现酸败时的哈喇味。肉骨粉可能包括毛发、蹄、角、骨、皮、血粉及胃内容物等,鉴别肉骨粉可从骨、蹄、角及毛等来区别。肌肉纤维有条纹,呈白色至黄色,有较暗及较浅面的区分。仔细观察可看到蹄、角、皮(主要成分为胶质)、动物被毛等。

显微镜检,肉骨粉呈黄色至淡褐色或深褐色固体颗粒,具油腻感。组织形态变化很大,肉质表面粗糙并沾有大量细粉,有的可看到白色或黄色条纹和肌肉纤维纹理。骨质为较硬的白色、灰色或浅棕黄色的块状颗粒,不透明或半透明,有的带有斑点,边缘浑圆。兽骨颜色较白、较硬,组织较致密,边缘较圆、平整,内有点状(洞)存在,点状为输送养分处。禽骨为浅黄白色椭圆长条形,较松软、易碎,骨头上腔隙较大。经常混有血粉、动物毛发特征。

2. 实验室测定　肉粉的检测项目有水分、粗蛋白质、氨基酸、粗脂肪、钙、磷。水分含量高的肉粉,在储藏期间易于发霉。肉粉的粗脂肪含量高,容易氧化酸败。粗蛋白质的测定是必不可少的项目,优质的肉粉含蛋白质60%以上,也有的为55%左右。小工厂生产的则含蛋白质40%～50%。为了防止在劣质肉粉中掺入非蛋白含氮物、血粉或羽毛粉等,最好还要测定氨基酸含量。

肉骨粉掺杂情形相当普遍,最常见的是使用水解羽毛粉、皮革粉、血粉、贝壳粉及蹄、角、皮粉等。正常产品含钙量应为磷量的2倍左右，灰分含量应为磷量的6.5倍以下，比例异常者有掺假的可能。粗纤维多来自胃肠内容物，含量过高表示此类物质过多。鉴别方法可参考鱼粉中的介绍。肉骨粉中易掺进石粉，通过钙、磷比例可加以判断。

（四）有毒有害成分 以腐败原料制成的肉粉和肉骨粉，不但品质差，而且含有细菌（肉骨粉和肉粉最易污染沙门氏菌），用作饲料有中毒和感染细菌的危险。应检查细菌总数（大肠杆菌数及沙门氏菌数）。含脂肪易变质，故应注意酸败的问题。

三、血　粉

（一）概述 血粉是以畜、禽血液为原料，经脱水加工而成的粉状动物性蛋白质补充饲料。它分为普通干燥血粉、瞬间干燥血粉、喷雾干燥血粉、发酵血粉4种。原料要求清洁、新鲜，不含毛发、胃内容物、尿素等外来物。4种方法所得血粉的颜色、溶解度及养分含量、赖氨酸利用率各不相同。

1. *蒸煮法* 鲜血直接加热底部易炭化。因此需向鲜血中加0.5%～1.5%的生石灰，然后向黏稠状物中通入蒸汽，边加热边搅拌，使结块后用螺旋压榨机或液压机脱水，使水分降到50%以下，之后晒干或60℃热风烘干，用球磨机粉碎。不加生石灰的血粉极易发霉或虫蛀，不宜久贮，但加生石灰过多，蛋白质利用率就会下降。

2. *喷雾干燥法* 先除掉血液中的蛋白纤维成分，再经高压泵喷入雾化室，雾化的微粒进入干燥塔上部，在塔内与热空气进行热交换后脱水干燥成粉，落至塔底排出。一般进塔热气为150℃，出塔热气为60℃，血浆进塔温度为25℃，血粉出塔温度为50℃。有些厂家在脱水过程中,采用了流动干燥、低温负压干燥、蒸汽干燥等先进脱水工艺。

3. 晾晒法　这一方法多用手工进行,也有用循环热在盘上干燥的方法。加热可消毒,但蛋白质消化率会降低。

4. 发酵血粉　以糠麸类为吸附物而掺有血粉的发酵物,与发酵血粉的内在质量不同,前者蛋白质含量仅及发酵血粉含量的一半。血粉自身经发酵后的营养价值变化亦视发酵工艺而异,但一般的发酵工艺不能改善血粉品质。

血粉的粗蛋白质含量高,可达80%～90%,赖氨酸含量达7%～8%(比常用鱼粉含量还高),含硫氨基酸含量与进口鱼粉相近,可达1.7%,色氨酸1.1%,比鱼粉高出1～2倍。组氨酸的含量也较好,精氨酸含量低,故与花生饼(粕)或棉仁饼、粕配伍,效果较好。色氨酸的相对量也较低。但总的氨基酸组成极不平衡,亮氨酸是异亮氨酸的10倍以上,蛋氨酸也偏低,在设计饲料配方时应用含异亮氨酸较多的饲料加以配伍。

(二)质量标准

1. 血粉的质量指标及等级　我国商业行业标准(SB/T 10212-1994)规定了血粉的感观指标与理化控制指标,理化指标以粗蛋白质、粗纤维、水分、粗灰分为质量控制指标,4项质量指标必须全部符合相应等级的规定,适用范围是用兽医检验合格的畜禽新鲜血液为原料加工制成的。供饲料工业用的血粉,分蒸煮血粉与喷雾血粉两类(不包括"发酵血粉")。质量指标及分级见表2-23,表2-24。

表 2-23 血粉的感官指标

项目	指标
性状	干燥粉粒状物
气味	具有本制品固有气味，无腐败变质气味
色泽	暗红色或褐色
粉碎粒度	能通过 2～3 毫米孔筛
杂质	不含沙石等杂质

表 2-24 血粉的质量指标及等级 (%)

项目 \ 等级	一级	二级
粗蛋白质	≥80.0	≥70.0
粗纤维	≤1.0	≤1.0
水分	≤10.0	≤10.0
灰分	≤4.0	≤6.0

2. 血粉的营养成分及营养价值 见表 2-25。

表 2-25 血粉的营养成分及营养价值

名称		单位	鲜猪血，喷雾干燥制得血粉
常规成分	干物质	%	88.0
	粗蛋白质	%	82.8
	粗脂肪	%	0.4
	粗纤维	%	0
	无氮浸出物	%	1.6
	粗灰分	%	3.2
有效能	消化能(猪)	兆焦/千克	11.42
	代谢能(鸡)	兆焦/千克	10.29
	消化能(牛)	兆焦/千克	10.88
	消化能(羊)	兆焦/千克	10.04

续表 2-25

名称		单位	鲜猪血,喷雾干燥制得血粉
氨基酸	赖氨酸	%	6.67
	蛋氨酸	%	0.74
	胱氨酸	%	0.98
	苏氨酸	%	2.86
	异亮氨酸	%	0.75
	亮氨酸	%	8.38
	精氨酸	%	2.99
	缬氨酸	%	6.08
	组氨酸	%	4.40
	酪氨酸	%	2.55
	苯丙氨酸	%	5.23
	色氨酸	%	1.11
矿物质及微量元素	钙	%	0.29
	磷	%	0.31
	植酸磷	%	0
	钠	%	0.31
	钾	%	0.90
	铁	毫克/千克	2 800
	铜	毫克/千克	8.0
	锰	毫克/千克	2.3
	锌	毫克/千克	14.0
	硒	毫克/千克	0.70

注:检索自中国饲料数据库,中国饲料编号:5-13-0036

3. 不同加工方法所制得血粉的物理性状及营养价值见表 2-26。

表 2-26　血粉的物理性状及营养价值

项　目	蒸煮干燥血粉	瞬间干燥血粉	喷雾干燥血粉
色　泽	红褐色至黑色，随干燥温度的升高而加深	一致的红褐色	一致的红褐色
味　道	应新鲜，不应有腐败味、发霉及异臭，若有辛辣味，则可能混有其他物质		
水溶性	略溶于水	不溶于水	易溶于水，易潮解
质　地	小圆粒或细粉末状、不应有过热颗粒及潮解和结块现象	粉末状、不应有潮解和结块现象	粉末状、不应有潮解和结块现象
容重(克/升)	480～600	480～600	480～600
水分(%)	9.5(8.5～11.5)	≤10.0	≤10.5
粗蛋白质(%)	80.0(79.0～85.0)	≥85.0	≥85.0
粗脂肪(%)	1.0(0.5～1.5)	0.5～3.0	0.5～3.0
粗纤维(%)	1.0(0.5～1.5)	≤2.5	≤2.5
粗灰分(%)	4.5(3.5～6.0)	≤6.0	≤6.0
钙(%)	0.3(0.25～1.0)	—	—
磷(%)	0.25(0.2～0.9)	—	—
赖氨酸(%)	7.9	9.0	8.3
赖氨酸利用率(%)	变化大	80～90	80～90

(三)质量控制

1. 感官鉴定　血粉为红褐色至黑色的小圆粒，细粉末状，色泽应一致，不应有潮解和结块现象。滚筒干燥的血粉呈沥青状黑里透红，喷雾干燥血粉为亮红色小珠，蒸煮干燥的为红褐色至黑色，随着干燥温度的增加而颜色加深，从而造成大量的赖氨酸失活，影响单胃动物对赖氨酸的利用率。实践证明喷雾干燥是保护血粉中赖氨酸的很好方法。

味道应新鲜，不应有腐败、发霉及异臭味，若有辛辣味，可能血中混有其他物质。可以利用放大镜或显微镜判断混杂物。

2. 实验室测定　常用的检测项目有水分、灰分、粗蛋白质、氨基酸。借助于粗蛋白质测定值，可以初步地判断血粉的质量，通过氨基酸测定值可以进一步了解血粉的质量。正常的血粉赖氨酸、亮氨酸、苯丙氨酸和甘氨酸的含量高。

水分不宜过高，应控制在12%以下，否则容易发酵、发热。水分太低者可能加热过度。

(四)应用中应注意的问题　血粉黏性太强，多用会粘着鸡喙，妨碍采食，加之适口性差，氨基酸不平衡，用量不宜太高。鸡饲粮中以加入2%为宜。对仔猪避免使用，肉猪可用到4%，过多会减少采食量，品质不良者易造成拒食或生长不良。如添加异亮氨酸，还可提高血粉的利用价值。为预防疯牛病，对反刍动物不宜使用。对鱼类的利用价值不高，杂食性鱼类的配合料以低于5%为宜。血粉吸湿性强，工艺处理不当易发生结块现象和堵塞问题，饲料中少量使用具有粘着效果，可当粘结剂使用。

近年来市场上出售的“发酵血粉”，多数是一些血液吸附物，质量不稳定，适口性也差，利用率低，使用时应慎重。

四、羽 毛 粉

(一)概述

1. 羽毛粉的定义　羽毛粉是将家禽羽毛净化消毒,再经蒸煮、酶水解、粉碎或膨化成粉状,可供做动物性蛋白质补充饲料。在美国饲料规格中给它下的定义为加水分解羽毛,规定其所含粗蛋白质中有80%以上是可消化的。

羽毛是禽类的被覆组织,是由上皮组织分化而成的,是高度角质化了的上皮组织。羽毛蛋白质中85%～90%为角蛋白质,属于硬蛋白类。羽毛蛋白质结构坚固,不易被一般工艺水解,单纯粉碎的羽毛蛋白质,很难被动物消化。加压加热处理可使其分解,提高羽毛蛋白质的营养价值,使羽毛粉成为一种有用的蛋白质资源。

饲料用的羽毛粉一般是经水解处理的羽毛粉,是家禽羽毛经清洗、高压水解处理、干燥粉碎而成。影响水解羽毛粉质量的重要因素是水解的程度。

目前市场上也有少量的膨化羽毛粉,通常是羽毛粉、血粉、屠宰厂的下脚料混合进行膨化所得产品。

2. 羽毛粉的加工工艺

(1)蒸煮法　该法是加工羽毛粉的常用方法,能使羽毛的双硫键发生裂解,在反应釜中加0.2%的氢氧化钠促使其加速分解。但加碱或石灰水对氨基酸有破坏作用,其成品利用率较差,羽毛原料在反应釜中的温度、压力、时间等因素均影响其氨基酸利用率,有待做系统研究。一般的处理条件是30分钟,120℃～140℃。

(2)酶解法　选用活性高的蛋白分解酶在适宜的酶解反应条件下处理羽毛,然后脱水制粉,使之成为易被动物消化吸收的短分子肽链，在适当的蛋白酶水解或加压条件下改善其蛋白质生物学效价。

(3)膨化法　效果与蒸煮法近似。膨化温度为240℃～260℃，压力为106～159帕。成品呈小棒状，疏松易碎，但氨基酸利用率并不理想。

3. 羽毛粉的营养特性　羽毛粉含粗蛋白质84%以上，羽毛蛋白质的主要成分为含双硫键的角蛋白，加热水解可提高其利用价值，若善加选择与利用可降低饲料成本。氨基酸中以含硫氨基酸含量最高，其含硫氨基酸含量居所有天然饲料之首，以胱氨酸为主，可高达4%，一般水解过度的胱氨酸损失较多。亮氨酸含量较多，含异亮氨酸可达5.3%，宜与异亮氨酸缺乏的血粉配合使用。但赖氨酸、蛋氨酸、色氨酸、组氨酸等含量均低。

羽毛粉中也含有维生素，但数量很少。因加工方法不同，其生物学利用率差异较大，在设计饲料配方时对以上几个方面应予充分考虑。

(二)质量标准

1. 羽毛粉的质量标准　北京市地方标准(DB/1100 B 4610-89)规定羽毛粉质量指标以粗蛋白质、粗灰分、胃蛋白酶消化率为质量控制指标，各项指标均以90%干物质含量计算。质量指标见表2-27。

表2-27　羽毛粉的质量标准　(%)

营养成分	含　量
粗蛋白质	≥80.0
粗灰分	<4.0
胃蛋白酶消化率	≥90.0

2. 水解羽毛粉的质量指标　可参考表 2-28。

表 2-28　水解羽毛粉的营养价值

营养成分	平均值	范　围
水分(%)	8.0	5.0～10.0
粗蛋白质(%)	84.0	79.0～88.0
粗脂肪(%)	2.5	2.0～4.0
粗纤维(%)	1.5	1.0～2.0
粗灰分(%)	2.8	2.0～3.8
钙(%)	0.40	—
磷(%)	0.70	—

3. 羽毛粉营养成分及其营养价值　见表 2-29。

表 2-29　羽毛粉的营养成分及其营养价值

名　称		单　位	鸡羽毛水解制得羽毛粉
常规成分	干物质	%	88.0
	粗蛋白质	%	77.9
	粗脂肪	%	2.2
	粗纤维	%	0.7
	无氮浸出物	%	1.4
	粗灰分	%	5.8
有效能	消化能(猪)	兆焦/千克	11.59
	代谢能(鸡)	兆焦/千克	11.42

续表 2-29

名称		单位	鸡羽毛水解制得羽毛粉
氨基酸	赖氨酸	%	1.65
	蛋氨酸	%	0.59
	胱氨酸	%	2.93
	苏氨酸	%	3.51
	异亮氨酸	%	4.21
	亮氨酸	%	6.78
	精氨酸	%	5.30
	缬氨酸	%	6.05
	组氨酸	%	0.58
	酪氨酸	%	1.79
	苯丙氨酸	%	3.57
	色氨酸	%	0.40
矿物质及微量元素	钙	%	0.20
	磷	%	0.68
	植酸磷	%	0.0
	钠	%	0.70
	钾	%	0.30
	铁	毫克/千克	1230
	铜	毫克/千克	6.8
	锰	毫克/千克	8.8
	锌	毫克/千克	53.8
	硒	毫克/千克	0.80

注:检索自中国饲料数据库

(三)质量控制

1. 感官鉴定

(1)颜色　浅色生羽毛所制成之产品为淡黄色至褐色,深色(杂色彩)生羽毛所制成之产品为淡褐色至黑色。加热过度会加深成品颜色,有时呈暗色,可能屠宰作业时混入血液。

(2)味道　新鲜的羽毛有臭味,不可有焦味、腐败味、霉味及其他刺鼻味道。

(3)质地　粉状,同批次产品应有一致的色泽、成分及质地。

(4)细度　100%可通过 7 目(每厘米的孔数)标准筛,95%可通过 10 目标准筛。

2. 显微镜检测　完全水解的羽毛粉能消除羽毛的特征,体视显微镜下为半透明颗粒状,像松香碎粒,颜色以黄色为主,夹有灰、褐或黑色颗粒。质地硬度如松香,光照时有些反光。

未完全水解的羽毛粉有生羽毛的残迹,体视镜下观察,可见羽干像半透明塑料管,长短不一,呈黄色至褐色,厚且硬,表面光滑。外廓羽毛的羽轴大多有锯齿边,但加工过热时这一特点消失。羽支呈长短不一的小碎片,蓬松、半透明,光泽暗淡,呈白色至黄色,加工过热变为黑色。羽小支呈粉状,有光泽,呈白色至奶油色,并结团。羽根呈圆扁管状,呈黄色至褐色,粗糙,坚硬并有光滑的边。

3. 品质判断

第一,影响品质的最大因素是水解程度。过度水解,如胃蛋白酶消化率在 85%以上,为蒸煮过度,会破坏氨基酸,降低蛋白质品质;水解不足,如胃蛋白酶消化率在 65%以下,为蒸煮不足,部分双硫键未被分解,蛋白质品质也不良。处理程度可用容重加以判断，因原料羽毛很轻，处理后会形成细片状与高密度块状，导致容重加大。

第二，在生产中加入石灰可促进蛋白质的分解，且可抑制臭气产生，但同时会加速氨基酸的分解，胱氨酸约损失60%，其他必需氨基酸损失20%～25%。因而，一般不可使用此类促进剂。

第三，以放大镜检查成品若见条状、枝状或曲状物多时，可能是水解不足所致。

第四，产品颜色变化大，深色者是基于制造过程中烧焦所致，在营养价值上并无差别。

4. 实验室测定　主要检测项目包括水分、粗蛋白质、粗脂肪、粗纤维、粗灰分、钙、磷等。

(四)应用中要注意的问题　原料在处理前不能有腐败现象，一经脱毛、水浸，须及时处理。因原料中混入的头、颈、脚及内脏等成分不同、含量不同，产品成分也有所差异，头、颈含量多时则脂肪含量高，易变质，优良成品粗脂肪多在4%以下。

羽毛粉的饲料价值取决于原料的质量、处理方式和水解程度。但总体上，羽毛粉的饲料价值较低，主要用于补充含硫氨基酸需要量，日粮中的用量不可超过3%～5%，且需与含赖氨酸、蛋氨酸、色氨酸高的其他蛋白质饲料配合使用。

对鸡可补充含硫氨基酸的需要，在蛋鸡及肉用仔鸡饲料中可取代部分鱼粉及大豆粕，用量以3%左右为宜。用量超过5%肉鸡生长不佳，蛋鸡产蛋率下降，蛋重变小。使用中应注意氨基酸平衡。

对仔猪不宜使用，肉猪使用以5%为限，但一般需补充大量赖氨酸。本品所含胱氨酸对猪无益，故其饲料价值不如对鸡。

水产养殖利用率也不高,杂食性鱼类可配合3%以下。

五、血浆蛋白粉

(一)概述 血浆蛋白粉是猪血分离出红细胞后经喷雾干燥而制成的粉状产品。其制作方法为:将血液收集在加有抗凝剂柠檬酸钠的冷藏罐中,抗凝血经高速离心分离出血球。血浆部分在32℃条件下加热25分钟,在207℃下喷雾干燥1~2分钟,然后在93℃下脱水1~2分钟,即得到微细粉末状的成品。

大量研究表明,血浆蛋白粉是早期断奶仔猪日粮中的优质蛋白质来源,可作为脱脂奶粉和干乳清的替代品,其适口性比脱脂奶粉高。早期断奶仔猪饲喂含血浆蛋白粉的日粮,日增重和日采食量均高于饲喂含脱脂奶粉和干乳清日粮的仔猪。

(二)营养指标 血浆蛋白粉的营养成分可参考表2-30。

表2-30 喷雾干燥血浆蛋白粉营养成分 (%)

营养成分	含量(%)	营养成分	含量(%)
粗蛋白质	70.0	亮氨酸	5.54
干物质	92.5	赖氨酸	5.10
灰 分	19.0	蛋氨酸	0.53
钙	0.14	苯丙氨酸	3.70
磷	0.13	苏氨酸	4.13
精氨酸	4.79	色氨酸	1.83
胱氨酸	2.24	酪氨酸	3.50
组氨酸	2.50	缬氨酸	4.12
异亮氨酸	1.96		

(三)质量控制 主要检测指标包括水分、粗蛋白质、粗脂肪、粗纤维、粗灰分、钙、磷等。

(四)应用中要注意的问题 血浆蛋白粉蛋氨酸含量低,用量提高时,蛋氨酸就成为限制性氨基酸。研究表明,按赖氨酸等量代替日粮中的脱脂奶粉时,血浆蛋白粉在日粮中的比例达6%时,仔猪生长性能最好,超过6%时必须补充蛋氨酸。

六、乳制品

(一)概述 乳制品包括乳清粉、乳清蛋白粉、脱脂奶粉和全脂奶粉等,在动物饲养中常常用于幼龄哺乳动物的饲养。

乳清粉是牛奶除去乳脂和酪蛋白后的液态物经干燥而成的粉状产品。所含粗蛋白质不低于11%,乳糖不低于61%。

乳清粉含有牛奶中的大部分水溶性成分,包括乳蛋白、乳糖、水溶性维生素及矿物质,其中,以乳糖含量高为其特点,是幼畜的最佳能量来源。

哺乳期仔猪和犊牛消化道中乳糖酶活性高,可有效地消化利用乳糖。随着年龄增长,乳糖酶活性下降,而消化其他碳水化合物的消化酶随年龄增长而提高。因此,乳清粉的主要作用是为幼龄动物提供易消化的碳水化合物。早期断奶日粮或人工乳中使用乳清粉可提高日粮适口性、促进采食、抑制病原微生物的繁殖、提高养分消化吸收率、降低腹泻,从而提高仔猪或犊牛的生长。幼畜日粮中,国外可用到10%～30%,受价格的限制,国内较少使用,用量限制在5%以下。随动物年龄增长,乳清粉的作用减弱,成年动物大量使用乳清粉可引起腹泻。

乳清粉因含乳糖和灰分较多,过多使用易产生腹泻;乳糖能提高钙、磷的吸收率。猪对乳糖的耐受量较高,配合到

10%效果较佳。犊牛(3周龄以下)消化道中乳糖酶活性高,人工乳饲料中用量宜在20%以下,否则,乳清中高乳糖、高矿物质等会造成犊牛腹泻,影响生长。奶牛可长期饲喂乳清粉而无不良影响,但可能导致尿量增加。乳清粉可作为肉鸡、火鸡的未知生长因子来使用,用量以不超过4%为宜,10%以上会导致软便。

乳清蛋白粉是以超滤过机、脱水或其他处理,以除去乳清中的水分、乳糖或矿物质后的产品。除去部分乳糖、蛋白质或矿物质的乳清液,干燥后即得乳清再制粉。根据情况又可分为脱乳糖乳清粉、脱矿物质乳清粉和脱乳糖及矿物质乳清粉。

脱脂奶粉是全乳加热离心将乳脂分离后的部分经干燥制成的粉状产品。干燥方法有喷雾干燥法和圆筒干燥法两种,所得脱脂奶粉的规格略有不同。

脱脂奶粉的主要成分为乳蛋白与乳糖,乳脂含量低,灰分含量约8%,其中含钙1.56%,磷1.01%,微量元素中铁、铜含量少,维生素含量丰富,主要为水溶性维生素。由于乳蛋白和乳糖的适口性好,消化利用率高,因而脱脂奶粉是幼龄哺乳动物的最佳饲料,是配制仔猪、犊牛人工乳的必备原料。国外在早期断奶仔猪日粮中用量可达20%~30%。由于价格昂贵,国内很少使用。

全脂奶粉指全乳干燥后的奶粉,水分应在8%以下,乳脂26%以上。全脂奶粉适口性好,营养全面,养分消化利用率高,是生产人工乳的优良原料。由于价格昂贵一般饲粮中不使用。

干乳白蛋白是乳清液中分离出的凝结蛋白经干燥所得产品,干物质中应含75%以上蛋白质。

水解乳清粉是经乳糖酶水解后的乳清液,再干燥所得的产品，葡萄糖及半乳糖含量应在30%以上。

(二)质量标准

1. 乳清粉、乳清蛋白粉等主要养分含量　此类产品目前尚无国家标准，乳清粉、乳清蛋白粉、脱乳糖乳清粉、脱矿物质乳清粉和脱乳糖及矿物质乳清粉主要养分含量可参见表2-31。

表2-31　乳清粉、乳清蛋白粉等主要养分含量　(%)

营养成分	乳清粉		乳清蛋白粉	脱乳糖乳清粉	脱矿物质乳清粉	脱乳糖及矿物质乳清粉
	平均值	范围				
水　分	7.3	4.4～10.2	—	6.0	4.5	3.7
粗蛋白质	13.5	8.4～18.6	16.0～26.0	16.7	13.0	23.4
粗脂肪	0.7	0.2～1.2	—	1.0	0.9	1.8
粗纤维	0	0	0	0	0	0
粗灰分	8.5	6.0～14.0	16.0～24.0	16.0	16.0	15.9
钙	0.9	0.65～1.1	—	1.5	1.5	1.0
磷	0.75	0.70～1.0	—	1.2	1.2	1.2
乳糖	69.0	67.0～71.0	35.0～58.0	50.0	50.0	50.7
盐	2.0	1.5～3.0	—	—	—	—

2. 乳清粉的饲料成分及营养价值　见表2-32。

表2-32　乳清粉的饲料成分及营养价值

名　称		单　位	含　量
常规成分	干物质	%	94.0
	粗蛋白质	%	12.0
	粗脂肪	%	0.7
	粗纤维	%	0.0
	无氮浸出物	%	71.6
	粗灰分	%	9.7

续表 2-32

名称		单位	含量
有效能	消化能(猪)	兆焦/千克	14.39
	代谢能(鸡)	兆焦/千克	11.42
	消化能(羊)	兆焦/千克	14.36
氨基酸	赖氨酸	%	1.10
	蛋氨酸	%	0.20
	胱氨酸	%	0.30
	苏氨酸	%	0.80
	异亮氨酸	%	0.90
	亮氨酸	%	1.20
	精氨酸	%	0.40
	缬氨酸	%	0.70
	组氨酸	%	0.20
	酪氨酸	%	—
	苯丙氨酸	%	0.40
	色氨酸	%	0.20
矿物质及微量元素	钙	%	0.87
	磷	%	0.79
	钠	%	2.50
	钾	%	1.20
	铁	毫克/千克	160
	铜	毫克/千克	—
	锰	毫克/千克	4.6
	锌	毫克/千克	—
	硒	毫克/千克	0.06

注:检索自中国饲料数据库

(三)质量控制

1. 感官鉴定

(1)颜色质地　乳清粉和乳清蛋白粉为白色或乳黄色细粉或细粒,流动性好,颜色越白品质越好。但有些产品在制造过程中添加有着色剂,应区别对待,但注意着色剂应对动物无害。干燥时过热将导致乳糖焦化及蛋白质变褐,色泽变深,品质下降,赖氨酸利用率降低。

(2)味道　有温和的奶味,稍甜,由酸乳制成的产品稍酸。

(3)潮解性　有高低不一的潮解性,潮解性强的产品不利于长期储存。

2. 实验室测定　常用的检测项目有粗蛋白质、粗脂肪、粗灰分、粗纤维、乳糖、氨基酸等。

(四)应用中要注意的问题　此类产品价格较高,所含成分变化大,品质不稳定,需小心选购,检测其各项营养物质含量后再计算配方。

乳清粉吸湿性极强,应用中要注意防潮。

第三节　植物性蛋白质饲料原料的质量控制

一、膨化大豆

(一)概述　膨化大豆是以大豆作为原料,用挤压膨化的方法生产的产品。在膨化过程中,其物理、化学组成和性质都发生了不同程度的变化,其代谢能值及蛋白质和脂肪的消化率明显提高。据测定,膨化全脂大豆的能值(风干基础)为:总能 20.93 兆焦/千克,消化能 17.17 兆焦/千克,代谢能 14.65 兆焦/千克。各种氨基酸消化率都在 90%左右。

生产方法分湿法膨化法和干法膨化法。

1. 湿法膨化法(湿式挤压)　先将大豆磨碎,调质机内注入蒸汽以提高水分及温度,然后通过挤压机的螺旋轴,旋转、摩擦产生高温高压,再由较尖的出口小孔喷出。大豆在挤压机内受到短时间热压处理(120℃～180℃),挤出后再干燥冷却即得成品。

2. 干法膨化法(干式挤压)　大豆粗碎后,在不加水及蒸汽情况下,直接进入挤压机的螺旋轴内,经摩擦产生高温高压,然后由较尖的出口小孔喷出。大豆在挤压机内,温度由室温增加至 140℃左右,大豆通过挤压机螺旋轴时间约 25 秒,挤出后冷却即得成品。由于未加水湿润,故所需动力比湿式挤压法高,但因减少了调质及干燥的过程,故操作简单,投资成本低。

膨化大豆具有高能高蛋白的特性,当饲料用谷物和液态油脂成本较高时,它更是配制高能高蛋白饲粮的最佳植物性蛋白质饲料。膨化大豆所含脂肪的热能比牛油、猪油高,且多属不饱和的必需脂肪酸。使用于饲料中,可以省却添加油脂的设备,而且颗粒饲料中减少油脂用量可得到较佳的粒料品质。

(二)质量标准

1. 膨化大豆质量指标　目前膨化大豆尚无国家质量标准。质量指标可参考:水分含量为 12%～13%,粗蛋白质 35%～37%,粗脂肪 17%～19%,粗纤维 5%～6%,粗灰分 5%～6%,无氮浸出物 26%～32%。膨化大豆的氨基酸含量及消化率见表 2-33。

2. 饲料用大豆的质量指标及等级　膨化大豆营养成分与生大豆类似,我国国家标准(GB 10384-89),饲料用大豆质量标准,按粗蛋白质、粗纤维、粗灰分为质量控制指标,各项质量指标含量均以 87%干物质为基础,3 项质量指标必须全部符合相应等级的规定,二级饲料用大豆为中等质量标准,低于三级者为等外品。质量指标及等级见表 2-34。

表 2-33 膨化大豆的氨基酸含量及消化率 (%)

名称	含量	消化率	名称	含量	消化率
赖氨酸	1.89	88.4	亮氨酸	2.85	90.2
蛋氨酸	0.58	89.7	异亮氨酸	1.64	91.5
色氨酸	0.32	90.6	精氨酸	1.88	95.7
苏氨酸	1.47	87.1	苯丙氨酸	1.74	92.0

表 2-34 饲料用大豆的质量指标及等级(%)

名称 \ 等级	一级	二级	三级
粗蛋白质	≥36.0	≥35.0	≥34.0
粗纤维	<5.0	<5.5	<6.5
粗灰分	<5.0	<5.0	<5.0

(三)质量控制

1. 感官鉴定 膨化大豆外观为浅黄色至金黄色的柔软松散状微粒,粒度均匀,有较强的油光感,有炒豆香味。膨化大豆脂肪含量高,且多属于不饱和脂肪酸,故应注意脂肪变质问题,脂肪变质后降低适口性,且易造成腹泻。

2. 实验室测定 主要检测项目有水分、粗蛋白质、粗脂肪、氨基酸、胰蛋白酶抑制因子等。

大豆中含有胰蛋白酶抑制因子,影响动物对蛋白质的消化吸收,因此需检测胰蛋白酶抑制因子。生产过程中加热程度控制得当与否对蛋白质利用率影响很大,温度越高,胰蛋白酶抑制因子含量越低,但蛋白质品质越差,部分氨基酸被破坏。检测膨化大豆中胰蛋白酶抑制因子可以将样品送专业分析实验室测定其脲酶活性(GB 8622-88 方法),结果可参考饲料用大豆粕的标准,脲酶活性不得超过 0.4。此外,也可参考大豆粕中脲酶活性的简易测定法。大豆的水分含量也影响产品日后的保存性。

(四)应用中要注意的问题 膨化大豆含有天然的生育酚,可防止氧化。试验表明,储存 9 周其质量无变化,但储存到 15 周质量明显下降,特别是在无抗氧化剂、气温较高、湿度大的条件下,质量下降更明显。因此,膨化大豆应储存在隔热、通风和遮光的场所。对含水量 13%以上的全脂膨化大豆应添加防霉剂。因为油是霉菌和细菌首选的能量来源。最好是随加工随使用,保持产品新鲜,如要长期储存,必须使水分保持在 10%以下。

二、大豆饼(粕)

(一)概述 大豆压成碎粒,在 70℃~75℃下加热 20~30 秒钟,再以滚筒压成薄片,在萃取机内用有机溶剂(一般为正己烷)萃取油脂,至薄片含脂达 1%左右为止。再进入脱溶剂烘炉内,一面蒸发溶剂,一面烘焙豆片,温度约 110℃。最后,经滚筒干燥机干燥冷却、粉碎即得大豆粕。

土法夯榨及机械压榨取油后的副产品称为大豆饼。

大豆粕是目前最主要的用于畜牧业的蛋白质饲料原料。豆粕类产品有两种,去皮大豆粕平均粗蛋白质含量为 49%,未脱壳大豆粕粗蛋白质含量约 44%,粗纤维含量高,有效能值低。后者更为常用。大豆粕为淡黄色至深黄褐色,具有烤黄豆的香味,外形为碎片状。膨化豆粕为颗粒状,有团块。豆粕中油脂含量少,约 1%,豆饼可达 4%~6%。大豆饼为压榨大豆后所得的副产品,其粗蛋白质含量较低,约为 42%。

豆粕的代谢能值在饼粕类原料中较高，禽代谢能可达到10.04～10.46兆焦/千克，去皮豆粕在10.46兆焦/千克以上，豆饼达10.88兆焦/千克以上。猪的消化能高达12.97～13.39兆焦/千克。

大豆粕的氨基酸含量高且比例是常用饼粕原料中最好的。赖氨酸达2.5%～2.8%，且赖氨酸与精氨酸的比例较好，约1∶1.3。蛋氨酸含量较低（约0.5%），成为配制玉米－豆粕型家禽日粮的第一限制性氨基酸。色氨酸（0.6%）和苏氨酸（1.8%）含量很高，可弥补玉米的不足。

豆皮占大豆重量的4%左右。去皮豆粕是大豆先去皮，后浸提而得。大豆先经过适度加热（60℃下处理20～30分钟），然后迅速加热至85℃，使种皮与子叶分开。将豆皮分开，子叶部分经保温、压片后进入溶剂浸提，豆油部分进一步处理以除去浸提溶剂，豆粕部分需进一步加热使其熟化。

（二）质量标准

1. 饲料用大豆粕的质量指标及等级　我国国家标准（GB 10380-1989）规定，饲料用大豆粕按粗蛋白质、粗纤维、粗灰分为质量控制指标，各项质量指标含量均以87%干物质为基础，3项质量指标必须全部符合相应等级的规定，二级饲料用大豆粕为中等质量标准，低于三级者为等外品。质量指标及等级见表2-35。

表2-35　饲料用大豆粕的质量指标及等级　（%）

名称＼等级	一级	二级	三级
粗蛋白质	≥44.0	≥42.0	≥40.0
粗纤维	<5.0	<6.0	<7.0
粗灰分	<6.0	<7.0	<8.0

2. 大豆粕、饼的营养成分及营养价值　见表2-36。

表2-36　大豆粕的营养成分及营养价值

名　称		单　位	大豆粕(一级)	大豆粕(二级)	大豆饼(二级)
常规成分	干物质	%	87.0	87.0	87.0
	粗蛋白质	%	46.8	43.0	40.9
	粗脂肪	%	1.0	1.9	5.7
	粗纤维	%	3.9	5.1	4.7
	无氮浸出物	%	30.5	31.0	30.0
	粗灰分	%	4.8	6.0	5.7
有效能	消化能(猪)	兆焦/千克	13.74	13.18	13.51
	代谢能(鸡)	兆焦/千克	9.83	9.62	10.54
	消化能(羊)	兆焦/千克	15.01	13.51	14.10
	消化能(羊)	兆焦/千克	15.01	13.51	2.38
氨基酸	赖氨酸	%	2.81	2.45	2.38
	蛋氨酸	%	0.56	0.64	0.59
	胱氨酸	%	0.60	0.66	0.61
	苏氨酸	%	1.89	1.88	1.41
	异亮氨酸	%	2.00	1.76	1.53
	亮氨酸	%	3.66	3.20	2.69
	精氨酸	%	3.59	3.12	2.47
	缬氨酸	%	2.10	1.95	1.66
	组氨酸	%	1.33	1.07	1.08
	酪氨酸	%	1.65	1.53	1.50
	苯丙氨酸	%	2.46	2.18	1.75

续表 2-36

名称		单位	大豆粕(1级)	大豆粕(2级)	大豆饼(2级)
矿物质及微量元素	钙	%	0.31	0.32	0.30
	磷	%	0.61	0.61	0.49
	植酸磷	%	0.44	0.30	0.25
	钠	%	0.03	—	—
	钾	%	2.00	1.68	1.77
	铁	毫克/千克	181	181	187
	铜	毫克/千克	23.5	23.5	19.8
	锰	毫克/千克	37.3	27.4	32.0
	锌	毫克/千克	45.3	45.4	43.4
	硒	毫克/千克	0.10	0.06	0.04

注:检索自中国饲料数据库

(三)质量控制

1. 感官鉴定　大豆粕呈浅黄褐色或淡黄色的不成规则的碎片状,碎片应均匀一致。国产大豆粕,豆瓣分明,但豆粕中不应有结块,也不应有很多粉末,豆皮含量适当。应无发酵、霉变、虫蛀、结块及异味异臭。

大豆粕的色泽应该一致。用色度计测定粉碎样本的色度值可判断质量的优劣。红色色度值在4.5～5.5时,品质良好;红色色度值在3.96～5.8时,饲喂肉仔鸡生长良好;大豆粕呈深黄色至棕色说明过热,呈浅黄色至乳白色说明加热不足。

豆粕应有豆香味,不应有焦化或生豆味。否则,为加热过度或烘烤不足。

显微镜下观察,可见豆粕皮外表面光滑,有光泽,可看见明显凹痕和针状小孔。内表面为白色多孔海绵状组织,并可看到种脐。豆粕颗粒形状不规则,一般硬而脆,颗粒无光泽、不透明，奶油色或黄褐色。

2. 实验室测定　主要检测项目有水分、粗蛋白质、粗脂肪、粗纤维、粗灰分、氨基酸等。

一般情况下测定上述常规指标即可判断大豆粕质量的优劣。特殊情况下还要送饲料分析实验室测定氨基酸的含量，根据粗蛋白质和氨基酸的含量，可进一步评定豆粕的质量。目前，越来越多的生产厂家利用氨基酸测定的方法来判断豆粕的品质。

根据氨基酸结果判断豆粕中掺入玉米粉、玉米胚芽饼、玉米蛋白粉的方法：由于玉米粉、玉米胚芽饼的氨基酸总量较低，所以当豆粕的氨基酸总量很低时，可认为是掺假。豆粕中蛋氨酸含量较低，在0.5%左右；赖氨酸含量较高，在2.5%左右，是蛋氨酸含量的5倍左右。玉米蛋白粉中赖氨酸较低，在0.8%左右；蛋氨酸较高，在1.5%左右，是赖氨酸的1倍。豆粕中亮氨酸在2.5%左右，玉米蛋白粉中的亮氨酸含量最高，达7%左右，是豆粕中含量的2倍。因此，当赖氨酸含量在1.8%以下，同时蛋氨酸含量高于1%，亮氨酸高于4%以上时，可认为豆粕中掺有玉米蛋白粉。

3. 豆粕脲酶活性及生熟度检验　豆粕生产过程中烘烤不足则不足以破坏生长抑制因子，蛋白质利用率差，加热过度则导致赖氨酸、蛋氨酸及其他必需氨基酸的变性反应而利用率降低。因为豆粕中的脲酶活性易于测定，所以是评价豆粕质量的指标之一。脲酶活性（pH值法）的许可范围是0.05～0.2。脲酶活性过高，说明豆粕太生，饲喂动物易引起腹泻和软便等症状；脲酶活性太低，说明加热过度。也可用感官方法（根据颜色深浅）鉴别，也可利用快速测定脲酶法进行鉴定。

（1）国标法测定豆粕中脲酶活性　可以将样品送专业分

析实验室测定(GB 8622-88 方法),GB 10380-89 规定饲料用大豆粕脲酶活性不得超过 0.4。

(2)用 pH 值计检测豆饼(粕)脲酶活性　将待测样品粉碎至 0.35 毫米以下。分别准确称取 0.4 克(±0.001 克)试样于 2 支试管中,1 支试管中加入 20 毫升尿素缓冲液,另一支试管内加入 20 毫升磷酸缓冲液(空白),塞紧摇匀后放入 30℃的恒温水浴锅中。每 5 分钟摇匀 1 次。反应 30 分钟后,在 5 分钟内测定 pH 值。脲酶活化度=试样的 pH 测定值-空白的 pH 测定值。脲酶活化度不得超过 0.4 个单位,最小值为 0.02 个单位。

磷酸缓冲液配置:取分析纯磷酸二氢钾(KH_2PO_4)3.403 克溶于约 100 毫升蒸馏水中,再取分析纯磷酸氢二钾(K_2HPO_4)4.355 克溶于约 100 毫升蒸馏水中。将上述两种溶液混合,加蒸馏水至 1 000 毫升,调节 pH 值至 7(该缓冲液的有效期为 90 天)。

尿素缓冲液配置:取分析纯尿素 15 克,溶于 500 毫升磷酸缓冲液。为了防止霉菌发酵,可加 5 毫升甲苯作为防腐剂,该溶液的 pH 值要调至 7。

(3)酚红法检测脲酶活性　取大豆饼(粕)样品研细,称取 0.2 克试样,准确至 0.01 克,转入带塞试管中。0.02 克分析纯结晶尿素及 2 滴酚红指示剂(0.1%的 20%乙醇溶液),加 20～30 毫升蒸馏水,迅速塞上塞子,摇动 10 秒钟。观察溶液颜色,并记下呈粉红色的时间。1 分种内呈粉红色,脲酶活性很强;1～5 分钟内呈粉红色,脲酶活性强;5～15 分钟内呈粉红色,有点活性;15～30 分钟内呈粉红色,没有活性。通常,10～15 分钟显粉红色或红色者,即认为脲酶活性合格。

(4)以尿素-酚红试剂评定大豆粕的生熟度　取少量待测豆粕粉平铺于培养皿中,滴加少量尿素-酚红试剂,使豆粕全部湿润，放置5分钟后观察，若没有任何红点出现，再放置25分钟后，仍无红点出现，说明豆粕过熟；若样品表面有25%以下的红点覆盖，说明脲酶活性小，饼粕可用；若样品表面有50%的红点覆盖，说明脲酶活性大，饼粕应慎用；若样品表面有75%～100%的红点覆盖，说明脲酶活性很大，豆粕过生，不能应用。

尿素一酚红试剂的配制：将1.2克酚红溶解于30毫升0.2摩/升的氢氧化钠溶液中，用蒸馏水稀释至约300毫升，加入90克尿素并溶解之，用蒸馏水稀释至2升，再加入14毫升0.5摩/升的硫酸溶液，最后用蒸馏水稀释至3升。此溶液应具有明亮的琥珀色，若颜色变化则应重新配制。

4. 掺假检验

(1)掺入含淀粉物的检验　取少量大豆粕置于白瓷盘(或白瓷片)上，铺薄铺平，然后在其上面滴几滴碘酊，过1分钟观察其颜色，若变蓝色，说明大豆粕中掺有含淀粉的物质。也可进一步用显微镜观察蓝色颗粒大小。豆粕中常见的掺杂物有玉米、小麦麸。

(2)掺入染色小麦麸及石粉的检验　小麦麸从外观上和豆粕颜色有些差别，仔细观察是可以判断出豆粕中掺杂的小麦麸。掺假者往往把小麦麸染成黄色，然后掺进大豆粕中。鉴定大豆粕时，凡看到大豆粕中有较多小黄卷曲疙瘩，颜色深浅不一，小麦麸常常呈细长卷状，且多与石粉搅拌在一起，此时可怀疑其掺有小麦麸及石粉。然后再进一步检查：取少量样品(最好从样品袋底部取碎样品或疑似掺假样品)，放入盛有自来水的杯中，经数小时后，取上清液少许，在白色背景下观察是否有其他颜色，再往烧杯底部的沉淀物中加少量的稀盐酸，若有大量的气泡产生说明掺有石粉。或直接将样品在放大镜或显微镜下观察是否有小麦麸和石粉的特征。掺有小麦麸和石粉的豆粕,蛋白质含量低,粗灰分含量高。

(3)掺入玉米胚芽饼的鉴别　玉米胚芽饼颜色近似豆粕,但呈块状,仔细观察是可以发现的。通过测定样品的粗蛋白质含量和氨基酸组成可以鉴别。玉米胚芽饼的粗蛋白质含量只有16%～20%,远低于大豆粕的含量。

(4)掺入玉米粉或玉米蛋白粉的鉴别　抓起豆粕样品再放回时,手上残留较多的黄色面粉,这时应怀疑其中掺有玉米粉或玉米蛋白粉类杂质。再进一步观察,也可把手上残留的黄色面粉放入口中尝一尝,掺假者没有熟豆香味。

(5)掺入黄玉米皮的鉴别　黄玉米脱掉的皮组织层,粗纤维含量高,蛋白质含量低。以肉眼观察,如果豆粕中掺入黄玉米皮较多,抓起样品时,可看到大部分为皮,这种皮可能一部分为大豆皮,一部分为玉米皮。玉米皮比大豆皮薄,透明,颜色较大豆皮偏红,可拿疑似玉米皮放入口中咀嚼,若无豆香味、嚼不碎时应视为掺入玉米皮。

(四)有毒有害成分

1. 抗营养因子　豆粕中的有害成分有蛋白酶抑制素(又称为胰蛋白酶抑制因子)、植物血凝素、非淀粉多糖和雌激素。

胰蛋白酶抑制因子是负面影响最大的抗营养因子,主要危害是抑制胰蛋白酶的活性而影响蛋白质的消化,引起鸡胰脏代偿性肥大(增大50%～100%),降低生长速度和产蛋率。

植物血凝素包含多种成分(可经热处理而失活),能与肠道细胞结合,非特异地干扰各种营养成分的吸收。

大豆中的脲酶不会抑制鸡的生长,能经热处理而失活。脲酶活性容易测定,可用作判断豆粕热处理程度的指标。

2. 生霉变质　若豆粕中水分太高长期贮存易结块发霉

产生毒素，接收时需认真检查。

3. 有机溶剂残留　在加工过程中浸提油脂的有机溶剂(正已烷)必须全部去除。否则，豆粕中残留的正已烷会引起家禽突发性的严重肝坏死。

三、花生饼(粕)

(一)概述　花生粕一般是以脱壳后的花生仁为原料，经提取油脂后的副产品。花生取油的工艺可分浸提法、机械压榨法、预压浸提法及土法夯榨法四大类。土法夯榨及机械压榨取油后的副产品称为花生饼，经预压－有机溶剂浸提或直接有机溶剂浸提取油后的副产品称作花生粕。一般出油率为35%(27%～43%)，出饼率为65%。生产中也有极少部分是以带壳花生为原料，经提取油脂后的副产品，称为带壳花生粕。花生仁饼(粕)的适口性极好，有香味。

花生粕中的粗蛋白质含量约为48%，高于豆粕中的含量约3～5个百分点，但65%为不溶于水的球蛋白。花生粕的蛋白质的质量不如豆饼，氨基酸组成不佳，赖氨酸含量(1.35%)和蛋氨酸含量(0.39%)都很低，仅为大豆粕含量的52%左右。另外，花生粕的精氨酸含量高达5.2%，是所有动、植物性饲料中的最高者。由于赖氨酸、精氨酸之比为100∶380以上，饲喂家禽必须与含精氨酸少的菜籽饼(粕)、鱼粉、血粉等配伍。

花生粕中粗纤维的含量一般在4%～6%，但目前许多花生原料中均或多或少带壳。测定花生饼中的粗纤维含量可作为监测花生壳掺入量的手段。

花生仁粕的代谢能水平很高，可达到12.55兆焦/千克，是饼(粕)类饲料中可利用能量水平最高的饼(粕)。

用土法压榨的花生饼中一般含有4%～6%的粗脂肪，高者可达11%～12%。脂肪溶点低，脂肪酸以油酸为主，约占53%～78%，容易发生酸败。花生饼中的残留脂肪可供作能源，残脂容易被氧化，不利于保存。而残脂量少的花生饼一般多经过高温、高压处理，引起蛋白质变性，利用率降低。

矿物质含量中钙少磷多，磷多属植酸磷，铁含量较高，而其他元素较少。生花生中抗胰蛋白酶约为生大豆的1/5，120℃左右的加热，能破坏抗胰酶物质，有利于消化。选购原料应特别注意检测黄曲霉毒素，符合标准者方可使用。

花生粕几乎可以用作一切家畜的蛋白质饲料来源。特别是去壳的花生粕，对于牛、绵羊、马和猪，其饲料价值几乎与豆粕相同，作为鸡的蛋白质饲料，则比豆粕稍差一些。在气温高的季节，花生饼长时间贮存容易变质，所以生产出的花生饼尽可能快些做饲料用，这是很重要的。

对鸡的饲料价值：它的氨基酸组成中蛋氨酸、赖氨酸和色氨酸不足，喂鸡时应补充鱼粉或豆粕等，以补充赖氨酸和蛋氨酸。花生饼(粕)对幼雏及成鸡的热能值差别很大，加热不良的成品更会引起幼雏的胰脏肥大，这种影响随鸡龄的增加而渐低。育成期可用至6%，产蛋鸡可用至9%。生产中有的使用量可高达12%～14%。为避免黄曲霉毒素中毒，用量应限制在5%以下。

对猪的饲料价值：花生仁饼(粕)对猪的适口性极好，所以可能吃多，致使体脂肪变软，使胴体品质下降，应该限制不超过15%。但其赖氨酸含量少，不管是对仔猪或育成猪，其饲料价值均低于大豆粕。在2周龄仔猪料中代替1/4大豆粕，5周龄时代替1/3大豆粕，则生长不受影响。生长猪以花生粕全部代替大豆粕，虽补足氨基酸，其饲料转换效率也差。

(二)质量标准

1. 饲料用花生粕的质量指标及等级　我国国家标准(GB 10382-1989)规定饲料用花生粕以粗蛋白质、粗纤维、粗灰分为质量控制指标，按含量分为三级，各项质量指标以88%干物质为基础计算，各项指标必须全部符合相应等级的规定，二级饲料用花生粕为中等质量标准，低于三级者为等外品。质量指标及等级见表2-37。

表 2-37　饲料用花生粕的质量指标及等级　(%)

名称＼等级	一　级	二　级	三　级
粗蛋白质	≥51.0	≥42.0	≥37.0
粗纤维	<7.0	<9.0	<11.0
粗灰分	<6.0	<7.0	<8.0

2. 花生饼(粕)的营养成分及营养价值　见表2-38。

表 2-38　花生饼(粕)的营养成分及营养价值

名　称		单　位	花生仁饼 GB 二级，机榨	花生仁粕 GB 二级，浸提或预压浸提
常规成分	干物质	%	88.0	88.0
	粗蛋白质	%	44.7	47.8
	粗脂肪	%	7.2	1.4
	粗纤维	%	5.9	6.2
	无氮浸出物	%	25.1	27.2
	粗灰分	%	5.1	5.4
有效能	消化能(猪)	兆焦/千克	12.89	12.43
	代谢能(鸡)	兆焦/千克	11.63	10.88
	消化能(羊)	兆焦/千克	14.39	13.56

续表 2-38

名　称		单　位	花生仁饼 GB 二级，机榨	花生仁粕 GB 二级，浸提或预压浸提
氨基酸	赖氨酸	%	1.32	1.40
	蛋氨酸	%	0.39	0.41
	胱氨酸	%	0.38	0.40
	苏氨酸	%	1.05	1.11
	异亮氨酸	%	1.18	1.25
	亮氨酸	%	2.36	2.50
	精氨酸	%	4.60	4.88
	缬氨酸	%	1.28	1.36
	组氨酸	%	0.83	0.88
	酪氨酸	%	1.31	1.39
	苯丙氨酸	%	1.81	1.92
	色氨酸	%	0.42	0.45
矿物质及微量元素	钙	%	0.25	0.27
	磷	%	0.53	0.56
	植酸磷	%	0.22	0.23
	钠	%	—	0.07
	钾	%	1.15	1.23
	铁	毫克/千克	347	368
	铜	毫克/千克	23.7	25.1
	锰	毫克/千克	36.7	38.9
	锌	毫克/千克	52.5	55.7
	硒	毫克/千克	0.06	0.06

注：检索自中国饲料数据库

(三)质量控制

1. 感官鉴定　花生粕呈碎屑状，色泽呈新鲜一致的黄褐色或浅褐色，无发酵、霉变、虫蛀、结块及异味异臭。压榨饼有烤过的花生香，而浸提饼为淡淡的花生香。花生粕不能焦糊，否则会影响其赖氨酸等必需氨基酸利用率。形状为块状或粉状，花生粕中含有少量的壳，花生壳的混入量对花生粕的饲料价值影响较大，所以可以依据花生壳的多少来鉴别其品质的好坏。有经验者以口尝的方法即可判断其生熟程度。不得掺入饲料用花生粕以外的物质，若加入抗氧化剂、防霉剂等添加剂时，应做相应的说明。

2. 实验室测定　主要检测项目有粗蛋白质、粗纤维，粗灰分、氨基酸等。

花生粕的质量如何，以粗蛋白质和粗脂肪的含量为主要的判断指标。进货量大、价高时可测定氨基酸的含量来进一步控制其质量。

(四)有毒有害成分　花生在生长的过程中，易被霉菌污染，尤其易感染黄曲霉菌。花生粕在制作和储存过程中，也容易污染黄曲霉菌而产生黄曲霉毒素。黄曲霉毒素会使禽类生长不良，严重者，发生充血，肝和肾肿大，以至于死亡。因此，应注意检查其黄曲霉毒素 B_1 的含量。我国国家标准（GB 13078-2001）规定黄曲霉毒素 B_1 的含量≤50 微克/千克。

花生粕高温时节不可久存。

花生饼（粕）中油脂含量高，要注意检查是否发生酸败。

四、棉籽饼(粕)

(一)概述　棉籽饼以棉籽为原料经脱壳、去绒或部分脱壳、再取油后的副产品。

从棉籽中取油有3种方式。大部分是机榨法，其次是预压浸提法，在不发达地区还有少量土法夯榨。机榨的油饼称为棉籽饼，残脂率为4%～6%；用有机溶剂提取油脂后的副产品或用预压浸提法取油后的副产品称为棉籽粕，残脂率在1%以下，前者风干物中粗蛋白质约含38%，后者约含40%。土法夯榨棉籽饼的质量受含壳量的影响，养分含量差异很大，粗蛋白质含量为20%～30%，其中粗纤维含量高达18%以上者为粗饲料。

（二）质量标准

1. **饲料用棉籽饼的质量指标及等级** 我国国家标准(GB 10378-1989)规定饲料用棉籽饼以粗蛋白质、粗纤维、粗灰分为质量控制指标，按含量分为三级，各项质量指标含量均以88%干物质为基础计算，三项质量指标必须全部符合相应等级的规定，二级为中等质量标准，低于三级者为等外品，质量指标及等级见表2-39。

表2-39 饲料用棉籽饼的质量指标及等级 （%）

名称 \ 等级	一级	二级	三级
粗蛋白质	≥40.0	≥36.0	≥32.0
粗纤维	<10.0	<12.0	<14.0
粗灰分	<6.0	<7.0	<8.0

2. **饲料用棉籽粕的质量指标** 目前尚无统一的标准，其质量指标可参考表2-40。

表2-40 饲料用棉籽粕的质量指标参考值 （%）

名称	含量	名称	含量
干物质	88.0	粗纤维	10.1
粗蛋白质	42.5	粗灰分	6.5
粗脂肪	0.7		

棉籽饼(粕)中含有有毒物质棉酚,使用前应做去毒处理。我国国家标准(GB 13078-91)规定棉籽饼(粕)中游离棉酚的含量应≤1 200 毫克/千克。

3. 棉籽饼(粕)的营养成分及营养价值　见表 2-41。

表 2-41　棉籽饼(粕)的营养成分及营养价值

名　称		单　位	棉籽饼 GB 二级,机榨	棉籽粕 GB 二级,浸提或预压浸提
常规成分	干物质	%	88.0	88.0
	粗蛋白质	%	40.5	42.5
	粗脂肪	%	7.0	0.7
	粗纤维	%	9.7	10.1
	无氮浸出物	%	24.7	28.2
	粗灰分	%	6.1	6.5
有效能	消化能(猪)	兆焦/千克	9.92	9.46
	代谢能(鸡)	兆焦/千克	9.04	7.32
	消化能(羊)	兆焦/千克	13.22	12.47
氨基酸	赖氨酸	%	1.56	1.59
	蛋氨酸	%	0.46	0.45
	胱氨酸	%	0.78	0.82
	苏氨酸	%	1.27	1.31
	异亮氨酸	%	1.29	1.30
	亮氨酸	%	2.31	2.35
	精氨酸	%	4.40	4.30
	缬氨酸	%	1.69	1.74
	组氨酸	%	1.00	1.06
	酪氨酸	%	1.06	1.19
	苯丙氨酸	%	2.10	2.18
	色氨酸	%	0.43	0.44

续表 2-41

名称		单位	棉籽饼 GB 二级，机榨	棉籽粕 GB 二级，浸提或预压浸提
矿物质及微量元素	钙	%	0.21	0.24
	磷	%	0.83	0.97
	植酸磷	%	0.55	0.64
	钠	%	0.04	0.04
	钾	%	1.20	1.16
	铁	毫克/千克	266	263
	铜	毫克/千克	11.6	14.0
	锰	毫克/千克	17.8	18.7
	锌	毫克/千克	44.9	55.5
	硒	毫克/千克	0.11	0.15

注:检索自中国饲料数据库

(三)质量控制

1. 感官鉴定　棉籽饼呈小瓦片状或碎块饼状，棉籽粕一般为粉状，棉籽饼(粕)一般为黄褐色、暗褐色至黑色，通常淡色者品质较佳。有坚果味，略带棉籽油味道，但溶剂提油者无类似坚果的味道。色泽新鲜一致，无发酵、霉变、结块、虫蛀及异味异臭。亦不可有过热的焦味，过热影响蛋白质品质，造成赖氨酸、蛋氨酸及其他必需氨基酸的破坏，利用率很差，必须认真鉴别。棉酚是棉籽饼(粕)中的主要的抗营养因子，也是棉籽饼(粕)呈现棕色的主要原因。夹杂物指标要求不得掺入饲料用棉籽饼(粕)以外的物质，若加入抗氧化剂、防霉剂等添加剂时，应做相应的说明。

因棉籽壳上存留有棉纤维，所以棉纤维及棉籽壳的多少，直接影响其质量，所占比例多，营养价值相应降低，感官可大致估测。

棉籽饼(粕)感染黄曲霉毒素的可能性较高,应注意观察,必要时可做黄曲霉毒素 B_1 的检验。

2. 实验室测定　主要检测项目为粗蛋白质、粗纤维、粗灰分、棉酚等。

一般情况下,测定粗蛋白质、粗纤维、粗灰分的含量,对照质量标准即可判断棉籽饼粕的质量的优劣。特殊情况下还要送饲料分析实验室测定氨基酸的含量,根据粗蛋白质和氨基酸的含量,可进一步评定棉饼(粕)的质量。

棉籽饼(粕)中含有棉酚,棉酚含量是品质判断的重要指标。含量太高,则利用程度受到很大限制,生产过程中必须进行脱毒处理。应测定残留的游离棉酚是否低于国家饲料卫生标准,以保证产品的安全性。

3. 游离棉酚的测定　可通过将样品送饲料分析实验室测定,也可用下面的简易法测定。

简易快速目视比色测定法是利用间苯三酚与棉酚作用生成紫红色化合物,化合物颜色的深浅与棉酚的浓度在一定范围内呈线性关系。

(1)标准棉酚比色管一套(中国农业科学院畜牧研究所研制)　比色管 10 支、普通试管 10 支。

(2)显色剂配制　量取浓盐酸(12 摩/升)16.6 毫升,加 95%乙醇至 100 毫升,混匀,再加入 1 克间苯三酚,溶解后混匀置棕色瓶中,放入冰箱保存备用(颜色变黑则不能使用)。

(3)提取游离棉酚　准确称取样品 0.01 克,加入 5 毫升 70%丙酮于试管振荡器上振荡提取 5～10 分钟,过滤或离心后取上清液于试管中备用。

取 2 毫升样品提取液于比色管中,加 2 毫升显色剂,摇匀后放入 50℃～55℃水浴中，显色 5 分钟。

量取 2 毫升 95％乙醇于另一比色管中，加 2 毫升提取液，摇匀，同样放入 50℃水浴中，保持 5 分钟，作为空白对照管。

将样品管和对照管插入比色架中，和标准比色管比较，选取颜色深浅相同的标准管。此管所标示的数字，即为样品中游离棉酚的含量。

(4)结果计算

样品中游离棉酚的含量(％)＝[标准管含量(毫克/毫升)×提取液体积(毫升)÷样品质量(毫克)]×100％

(5)操作注意事项　显色剂尽可能现用现配，在冰箱中，可保存 1 周，颜色变黄时，则不能使用；提取时间在 10 分钟以上，时间过短，提取不完全；显色时水浴温度在 50℃～55℃之间，不可过高，时间也不能长，显色后立即比色。

(四)有毒有害成分　棉籽饼(粕)中存在多种抗营养因子，最主要的是游离棉酚。

1. 棉酚　棉酚是存在于棉籽色素腺体中的一种毒素。加工方法对棉籽饼(粕)品质影响很大，经过加热处理的棉籽饼(粕)游离棉酚含量低，但蛋白质品质变差；经溶剂浸提的棉籽粕蛋白质品质较佳，但游离棉酚含量较高。总的来说，预压萃取是最好的加工方法。饲料中添加亚铁盐(如硫酸亚铁)能提高动物对棉酚的耐受力。

棉酚中毒表现为生长受阻、生产力下降、贫血、呼吸困难、繁殖能力下降甚至不育，严重时可死亡，剖检可见肺水肿、出血、心脏肿大、胸腔积水、肝脏充血、胃肠炎等，鸡蛋在贮存过程中，卵黄色泽变化。棉酚有损动物生殖系统的功能，特别是雄性动物的生殖功能。

2. 环丙烯脂肪酸　棉籽饼残油中含有 2 种环丙烯脂肪酸，在棉籽油中的含量约为 1%～2%。它们可以改变鸡、鱼和单胃动物的脂类代谢，对肝微粒体中的脂肪酸脱氢酶(可使吸收的饱和脂肪酸脱氢成为不饱和脂肪酸)有抑制作用，从而改变组织和乳脂中的不饱和脂肪酸含量。

3. 单宁和植酸　棉籽饼(粕)均含有一定量的单宁和植酸，对蛋白质、氨基酸和矿物元素利用及动物生产性能均有一定影响。

为安全使用可对现有的有毒棉籽饼粕采用脱毒处理。方法有溶剂浸出法、分离棉籽色素腺体法、化学去毒法、碱处理法、膨化脱毒和固态发酵脱毒等。

五、菜籽饼(粕)

(一)概述　菜籽粕为油菜籽取油后的副产物，用浸提法或经预压后再浸提取油后的副产品称为菜籽粕，用压榨法榨取油后的副产品称为菜籽饼。目前饲料市场上菜籽粕较多。

菜籽粕中含粗蛋白质 37%～39%，菜籽饼中约含 35%～36%。蛋白质消化率低于大豆粕。一般菜籽饼(粕)中粗纤维含量为 12%～13%，影响其有效能值，属低能量蛋白质饲料。含硫氨基酸含量高是其突出特点，但赖氨酸含量低，精氨酸含量较低，精氨酸与赖氨酸之间较平衡。菜籽饼(粕)中富含铁、锰、锌、硒，但缺铜，在其总磷含量中约有 60%以上是植酸磷，不利于吸收利用，研制配方时应采取补充措施[与棉籽饼(粕)合用，许多成分可得到互补]。菜籽饼(粕)所含的碳水化合物是不易消化的淀粉，代谢能较低。

菜籽饼(粕)应限量使用。试验研究认为，在产蛋鸡饲粮中菜籽粕单独(用量 7%)或与棉籽粕合用(合计达 9%～14%)可代替豆饼蛋白质的 25%～50%,对蛋重、破蛋率、料蛋比及蛋白质均无影响,成本可降低。生长肥育猪在不同阶段对菜籽饼饲粮的利用能力不同。在饲粮粗蛋白质水平较高(15.5%)的饲粮中,菜籽饼在前期用 6%、中期 9.5%～12%和后期 12%对日增重、采食量、饲料利用率无明显不良影响。前期用量不宜超过 9%,中期不宜超过 14%,后期不宜超过 18%。

(二)质量标准

1. 饲料用菜籽粕的质量指标及等级　我国国家标准(GB 10375-1989)规定饲料用菜籽粕以粗蛋白质、粗纤维、粗灰分为质量控制指标,按含量分为三级,其中各项质量指标含量均以 88%干物质为基础计算,3 项质量指标必须全部符合相应等级的规定,二级为中等标准,低于三级者为等外品。质量指标及等级见 2-42。

表 2-42　饲料用菜籽粕的质量指标及等级　(%)

名称 \ 等级	一级	二级	三级
粗蛋白质	≥40.0	≥37.0	≥33.0
粗纤维	<14.0	<14.0	<14.0
粗灰分	<8.0	<8.0	<8.0

2. 菜籽饼(粕)的营养成分及营养价值　见表 2-43。

表 2-43　菜籽饼(粕)的营养成分及营养价值

名　称		单　位	菜籽饼 GB 二级，机榨	菜籽粕 GB 二级，浸提或预压浸提
常规成分	干物质	%	88.0	88.0
	粗蛋白质	%	34.3	38.6
	粗脂肪	%	9.3	1.4
	粗纤维	%	11.6	11.8
	无氮浸出物	%	25.1	28.9
	粗灰分	%	7.7	7.3
有效能	消化能(猪)	兆焦/千克	12.05	10.59
	代谢能(鸡)	兆焦/千克	8.16	7.41
	消化能(羊)	兆焦/千克	13.14	12.05
氨基酸	赖氨酸	%	1.28	1.30
	蛋氨酸	%	0.58	0.63
	胱氨酸	%	0.79	0.87
	苏氨酸	%	1.35	1.49
	异亮氨酸	%	1.19	1.29
	亮氨酸	%	2.17	2.34
	精氨酸	%	1.75	1.83
	缬氨酸	%	1.56	1.74
	组氨酸	%	0.80	0.86
	酪氨酸	%	0.88	0.97
	苯丙氨酸	%	1.30	1.45
	色氨酸	%	0.40	0.43

续表 2-43

名称		单位	菜子饼 GB 二级，机榨	菜子粕 GB 二级，浸提或预压浸提
矿物质及微量元素	钙	%	0.62	0.65
	磷	%	0.96	1.07
	植酸磷	%	0.63	0.65
	钠	%	0.02	0.09
	钾	%	1.34	—
	铁	毫克/千克	687	653
	铜	毫克/千克	7.2	7.1
	锰	毫克/千克	78.1	82.2
	锌	毫克/千克	59.2	67.5
	硒	毫克/千克	0.29	0.16

注:检索自中国饲料数据库

(三)质量控制

1. *感观鉴定*　菜籽粕为黄色或浅褐色,碎片或粗粉状,具有菜籽油的香味,无发酵、霉变、结块及异臭。原料具有一定的油光性,用手抓时,有疏松感觉。而掺假菜籽粕油香味淡,颜色暗淡无油光感,用手抓时感觉较沉。菜籽饼(粕)质脆易碎。也可以直观地判断粗纤维的多少,纤维多者质量差。不得掺入饲料用菜籽粕以外的物质,若加入抗氧化剂、防霉剂等添加剂时,应做相应说明。

2. *实验室测定*　主要检测项目有水分、粗蛋白质、粗纤维、粗灰分、氨基酸等。

3. *掺假检验*　正常的菜籽粕其粗蛋白质含量一般都在33%以上,而掺假的菜籽粕其粗蛋白质含量较低。水分含量不得超过12%。正常的菜籽粕粗灰分含量应小于14%,其灰分含量高达20%以上，说明菜籽粕中掺有沙、泥土和石粉等。正常的菜籽粕加入适量10%的盐酸，没有气泡产生。而掺有细石粉的菜籽粕加入稀盐酸则有大量气泡产生。正常的菜籽粕用标准麻袋包装时，其重量通常为60～65千克，而掺假的菜籽粕比正常的菜籽粕重，多为70～75千克。

用四氯化碳做浮选法检验。四氯化碳的相对密度为1.59，菜籽粕的相对密度比四氯化碳小，所以菜籽粕可以飘浮在四氯化碳表面。其方法是：取一梨形分液漏斗或小烧杯，放入5～10克的菜籽粕，100毫升四氯化碳，用玻璃棒搅拌一下，静置10～20分钟，菜籽粕应飘浮在四氯化碳的表面，而矿沙、泥土由于相对密度大，故下沉于底部。将下沉的沉淀物分离开，放入已知重量的称量盒中，然后将称量盒连同下层物放入110℃烘箱中烘15分钟，取出置于燥器中冷却称重，算出粗略的土沙含量。正常的菜籽粕其土沙含量在1%以下，而掺假的菜籽粕土沙含量高达5%～15%及以上。

若怀疑掺有尿素或其他非蛋白氮类物质，可测定纯蛋白质和氨基酸的含量。

（四）有毒有害成分　油菜籽中的主要有害物质有硫葡萄糖苷(GS)、芥子碱、单宁、植酸等。

硫葡萄糖苷(GS)本身无毒，但其降解产物有毒。

芥子碱含量约1%～1.5%，能溶于水，不稳定，易发生水解生成芥子酸和胆碱。芥子碱具有苦味，导致菜籽饼(粕)适口性不良。芥子碱与腥味蛋的产生有关。

植酸含量在2%左右，对养分利用有一定影响。

单宁具有苦涩味，易在中性或碱性条件下产生氧化和聚合作用，使菜籽饼(粕)颜色变黑，并有不良气味和干扰蛋白质的消化利用。

一般油菜籽的油中含芥子酸20%～40%，低芥子酸品种亦含5%以上，它是亚麻油酸族的长链不饱和脂肪酸，可使脂肪代谢异常并蓄积于心脏而导致动物生长受阻。

六、玉米蛋白粉

（一）概述 玉米蛋白粉是生产玉米淀粉及玉米油的同步产品。玉米蛋白粉是玉米除去淀粉、胚芽及玉米外皮后剩下的产品，也可能包括部分浸渍物或玉米胚芽粕，这些部分的比例多少对玉米蛋白粉的外观色泽、蛋白质含量等影响很大。其颜色为淡黄色、金黄色或橘黄色，蛋白质含量愈高，色泽愈鲜艳，久贮者颜色趋淡，干燥过度则颜色偏黑。多数为颗粒状，少数为粉状。带玉米烤过的味道，并具玉米发酵之特殊气味。

玉米蛋白粉的蛋氨酸含量很高，可与相同蛋白质含量的鱼粉相当。但赖氨酸和色氨酸含量严重不足，不及相同蛋白质含量的鱼粉的1/4。玉米蛋白粉含有很高的类胡萝卜素，其中主要是叶黄素和玉米黄素，对蛋黄及皮肤着色效果良好，是很好的着色剂。玉米蛋白粉含维生素（特别是水溶性维生素）和矿物元素（除铁外）也较少。

玉米蛋白粉属高蛋白高能饲料，蛋白质消化率和可利用能值高，适用于猪、禽、鱼等动物，效果较好。尤其是用于鸡饲料中，既可节约蛋氨酸添加量，又能改善蛋黄和皮肤的着色。

玉米蛋白粉富含蛋氨酸及叶黄素，是养鸡的良好饲料，一般配合率为2%～3%，最好不要超过5%，以免蛋氨酸水平影响饲喂效果。

玉米蛋白粉因缺乏赖氨酸，其粗纤维含量低，缺乏矿物质，维生素A含量高而B族维生素较少，一般不做猪饲料蛋白质来源。因比重轻，粉状，生长肥育猪配合饲料中用量不宜超过10%。

玉米蛋白粉因纤维含量低，用作奶牛、肉牛饲料，使用价值都不如用作鸡饲料。

黄色玉米蛋白粉可做某些鱼类的着色剂，而且蛋白质含量高，消化率好，热能利用率也佳，是良好的养鱼饲料和一些鱼类的着色剂。

（二）质量标准

1. **玉米蛋白粉各项营养指标含量**　目前国家尚无玉米蛋白粉的质量标准。按加工精度不同，国外将玉米蛋白粉分为粗蛋白质含量41%以上和60%以上两种规格，其常规养分、氨基酸、维生素含量的参考值见表2-44。

表2-44　玉米蛋白粉各项营养指标的参考值

营养成分	粗蛋白质60%以上	粗蛋白质41%以上
水分(%)	9.0～12.0	9.0～12.0
粗蛋白质(%)	60.0～65.0	41.0～45.0
粗脂肪(%)	1.0～5.0	1.0～3.5
粗纤维(%)	0.5～2.5	3.0～6.0
粗灰分(%)	0.5～3.7	2.0～4.0
钙(%)	—	0.1～0.3
磷(%)	—	0.25～0.7
赖氨酸(%)	0.86	0.58
蛋氨酸(%)	1.78	0.90
胱氨酸(%)	0.90	0.54
色氨酸(%)	0.30	0.19

续表 2-44

营养成分	粗蛋白质60%以上	粗蛋白质41%以上
苏氨酸(%)	2.54	1.17
异亮氨酸(%)	2.94	1.93
组氨酸(%)	1.62	0.91
缬氨酸(%)	3.75	1.96
精氨酸(%)	2.23	1.17
苯丙氨酸(%)	4.56	2.12
维生素 B_2(毫克/千克)	2.20	1.54
维生素 B_1(毫克/千克)	0.22	1.10
吡哆醇(毫克/千克)	6.16	7.92
烟酸(毫克/千克)	55.0	44.0
泛酸(毫克/千克)	28.0	9.90
叶酸(毫克/千克)	07.0	0.70
胆碱(毫克/千克)	330	440
生物素(毫克/千克)	0.22	0.22
胡萝卜素(毫克/千克)	44.0	22.0

2. 玉米蛋白粉的营养成分及营养价值　见表 2-45。

表 2-45　玉米蛋白粉的营养成分及营养价值

名　称		单　位	粗蛋白质 60%	粗蛋白质 50%	粗蛋白质 40%
常规成分	干物质	%	90.1	91.2	89.9
	粗蛋白质	%	63.5	51.3	44.3
	粗脂肪	%	5.4	7.8	6.0
	粗纤维	%	1.0	2.1	1.6
	无氮浸出物	%	19.2	28.0	37.1
	粗灰分	%	1.0	2.0	0.9

续表 2-45

名　称		单　位	粗蛋白质 60%	粗蛋白质 50%	粗蛋白质 40%
有效能	消化能(猪)	兆焦/千克	15.05	15.60	15.01
	代谢能(鸡)	兆焦/千克	16.23	14.26	13.30
	消化能(羊)	兆焦/千克	18.36	17.94	17.27
氨基酸	赖氨酸	%	0.97	0.92	0.71
	蛋氨酸	%	1.42	1.14	1.04
	胱氨酸	%	0.96	0.76	0.65
	苏氨酸	%	2.08	1.59	1.38
	异亮氨酸	%	2.85	1.75	1.63
	亮氨酸	%	11.59	7.87	7.08
	精氨酸	%	1.90	1.48	1.31
	缬氨酸	%	2.98	2.05	1.84
	组氨酸	%	1.18	0.89	0.78
	酪氨酸	%	3.19	2.25	2.03
	苯丙氨酸	%	4.10	2.83	2.61
	色氨酸	%	0.36	0.31	—
矿物质及微量元素	钙	%	0.07	0.06	—
	磷	%	0.44	0.42	=
	植酸磷	%	0.27	—	—
	钠	%	0.01	—	—
	钾	%	0.30	—	—
	铁	毫克/千克	51	434	—
	铜	毫克/千克	1.9	10.0	—
	锰	毫克/千克	5.9	78.0	—
	锌	毫克/千克	19.2	49.0	—
	硒	毫克/千克	0.02	—	—

注:检索自中国饲料数据库

（三）质量控制

1. 感官鉴定　玉米蛋白粉为淡黄色、金黄色或橘黄色，多数为细颗粒状，少数为粉状，具有发酵的气味。色泽要新鲜一致，有正常的气味，无臭味等异味，无发霉变质、结块等。确定适合本地区的安全水分，保证其安全储存及使用。可根据玉米皮的多少鉴别质量的高低。含玉米皮的玉米蛋白粉粗蛋白质一般都低于50%；脱皮的玉米蛋白粉粗蛋白质含量基本在60%以上。

2. 实验室测定　主要检测项目有水分、粗蛋白质、粗脂肪、粗灰分、钙、磷、氨基酸、叶黄素等。

3. 掺假检验　玉米蛋白粉中易掺入尿素和玉米粉，且二者往往同时掺入。掺入玉米粉的，粗蛋白质含量低；参入玉米粉和尿素的，粗蛋白质含量较高，但真蛋白质极低。

怀疑玉米蛋白粉中掺有尿素时，检查方法如下：取两份样品（1.5克左右）分别放入2支试管中，其中1支加入少许黄豆粉，两管都加蒸馏水5毫升，振荡，放在60℃～70℃水中水浴3分钟，分别滴入6～7滴甲基红指示剂，若加入黄豆粉的试管中出现较深紫红色，则说明玉米蛋白粉中掺有尿素。

玉米蛋白粉中掺入石粉的识别，可参照大豆粕中掺入石粉的识别方法。

购买玉米蛋白粉时，还要注意鉴别是否掺有沙粒和黄色色素。

七、玉米胚芽饼（粕）

（一）概述　玉米胚芽粕以玉米胚芽为原料，经浸提油脂后的副产品，在生产玉米淀粉之前先将玉米浸泡、破碎、分离胚芽，然后取油。分干法与湿法两种，取油后即得玉米胚芽粕，除极个别品种属于蛋白质饲料外，大部分产品为能量饲料。玉米胚芽粕适口性好，在仔猪料中添加 5%～8%，效果良好。

玉米胚芽饼是玉米胚芽榨油后残渣经压制形成饼，可作为各种畜禽的饲料。对于玉米胚芽饼，要检查其新鲜程度，因为其油脂含量高，易于氧化变质。

（二）质量标准 玉米胚芽粕中含粗蛋白质 18%～20%，粗脂肪 1%～2%，粗纤维 11%～12%。玉米胚芽粕中的氨基酸组成与玉米蛋白饲料的水平相似，虽属于饼（粕）类，但从蛋白质质量分析，尽管高于能量饲料，但各种限制性氨基酸含量均低于玉米蛋白粉及棉籽饼（粕）、菜籽饼（粕）中的含量。

玉米胚芽饼（粕）的营养成分及营养价值见表 2-46。

表 2-46 玉米胚芽饼（粕）的营养成分及营养价值

名称		单位	玉米胚芽饼	玉米胚芽粕
常规成分	干物质	%	90.0	90.0
	粗蛋白质	%	16.7	20.8
	粗脂肪	%	9.6	2.0
	粗纤维	%	6.3	6.5
	无氮浸出物	%	50.8	54.2
	粗灰分	%	6.6	5.9
有效能	消化能（猪）	兆焦/千克	14.69	13.72
	代谢能（鸡）	兆焦/千克	7.61	6.99
	消化能（羊）	兆焦/千克	—	—

续表 2-46

名称		单位	玉米胚芽饼	玉米胚芽粕
氨基酸	赖氨酸	%	0.70	0.75
	蛋氨酸	%	0.31	0.21
	胱氨酸	%	0.47	0.28
	苏氨酸	%	0.64	0.68
	异亮氨酸	%	0.53	0.77
	亮氨酸	%	1.25	1.54
	精氨酸	%	1.16	1.51
	缬氨酸	%	0.91	1.66
	组氨酸	%	0.45	0.62
	酪氨酸	%	0.54	—
	苯丙氨酸	%	0.64	0.93
	色氨酸	%	0.16	0.18
矿物质及微量元素	钙	%	0.04	0.06
	磷	%	1.45	1.23
	钠	%	0.01	0.01
	钾	%	—	0.69
	铁	毫克/千克	99	214
	铜	毫克/千克	12.8	7.7
	锰	毫克/千克	19.0	23.3
	锌	毫克/千克	108.1	126.6
	硒	毫克/千克	—	—

注:检索自中国饲料数据库

(三)质量控制

1. 感官鉴定　玉米胚芽粕为淡黄色粉状或碎片状,具有新鲜油粕味。色泽需新鲜一致，无酸败、发霉味道。确定符合本地区的安全水分，以保证安全储存及使用。

溶剂提油的玉米胚芽粕脂肪含量低，品质较稳定，也较不易变质。应尽量接收这样的玉米胚芽粕。

2. 实验室测定　常用的检测项目有水分和粗蛋白质。

(四)应用中要注意的问题　玉米胚芽粕不耐储存，易氧化，需小心使用。

所用原料对其品质影响很大，尤其含霉菌毒素的玉米，制成淀粉后毒素均残留于副产品中。玉米胚芽粕中的霉菌毒素含量约为原料玉米的1～3倍，应选择好的生产厂家，同时要注意对霉菌毒素的检查。

八、DDG和DDGS

(一)概述　DDG是将谷物酒精蒸馏废液做简单过滤，滤渣干燥，滤液排放掉，这种滤渣干燥获得的饲料，简称DDG；如果将滤液干燥浓缩，获得的称作DDS，即可溶性的干燥酒糟饲料。DDG和DDS既可分别做单独的饲料使用，又可将二者直接混合干燥，挤压成颗粒，制成全价干酒糟DDGS，也称玉米酒糟粕。

DDG和DDS是利用酒精废液所开发的阶段性产品，随着科学技术的发展，生产工艺的完备，DDGS必将取代DDG和DDS，在配合饲料中广为利用。

(二)质量标准　目前国家尚无DDG和DDGS的质量标准。DDG和DDGS的营养成分及营养价值参见表2-47。

表 2-47　DDG 和 DDGS 的饲料成分及营养价值

名称		单位	DDG	DDGS
常规成分	干物质	%	94.0	90.0
	粗蛋白质	%	30.6	28.3
	粗脂肪	%	14.6	13.7
	粗纤维	%	11.5	7.1
	无氮浸出物	%	33.7	36.8
	粗灰分	%	3.6	4.1
氨基酸	赖氨酸	%	0.51	0.59
	蛋氨酸	%	0.80	0.59
	胱氨酸	%	0.48	0.39
	苏氨酸	%	1.17	0.92
	异亮氨酸	%	1.31	0.98
	亮氨酸	%	4.44	2.63
	精氨酸	%	0.96	0.98
	缬氨酸	%	1.66	1.30
	组氨酸	%	0.72	0.59
	酪氨酸	%	1.30	1.37
	苯丙氨酸	%	1.76	1.93
矿物质	钙	%	0.41	0.20
	磷	%	0.66	0.74

注:检索自中国饲料数据库

(三)质量控制　玉米酒糟营养丰富,干物质含量在90%以上,粗蛋白质含量30%左右。玉米酒糟的质量,应以粗蛋白质含量和粗纤维含量作为依据。

1. *感官鉴定*　DDGS 为黄色,具有酒精的气味,一般压成颗粒,也有粉状,外观色泽新鲜一致,有发酵的气味,无异味、异臭、霉变等，确定符合本地区的安全含水量，以保证安全储存及使用。可依据玉米酒精粕中玉米皮含量的高低大致判别其质量的好坏。

2. 实验室测定　常用的检测项目有水分、粗蛋白质、粗纤维。

（四）应用中要注意的问题　储存时应保证其安全含水量，以防发霉变质。

第四节　矿物质饲料原料的质量控制

一、骨　粉

（一）概述　骨粉是以家畜、家禽骨骼为原料经蒸汽高压灭菌后再粉碎而成的产品，一般为黄褐色乃至灰白色的粉末，有肉骨蒸煮过的气味。骨粉的含氟量低，只要杀菌消毒彻底，便可安全使用。是猪和家禽钙、磷的良好补充饲料，所含磷利用率较高。按其加工方法可分为蒸制骨粉、脱胶骨粉和焙烧骨粉（骨灰）。一些成品为块状的又称为骨粒。

蒸制骨粉是原料骨在高压 20.3 千帕蒸汽条件下加热，除去脂肪和肉屑，使骨骼变脆后干燥粉碎而成，含磷 10%左右。

脱胶骨粉也称特级蒸制骨粉，在高压 40.5 千帕蒸汽条件下加热，除去脂肪和肉屑，使骨骼变脆后干燥粉碎制得，或利用提出骨胶的骨骼蒸制处理而得。这种骨粉可将骨髓和脂肪除去，呈白色无异臭的粉末状产品，含磷量可达 12%。

焙烧骨粉（骨灰）是将骨骼堆放在密闭容器内煅烧炭化制成。这是全部利用废弃骨骼的可靠方法，烧透即可灭菌，又易粉碎。

(二)质量标准　我国国家标准(GB 8936-1988)规定骨粉以感官指标及水分、钙、磷为质量控制指标,共分为三级。质量标准及等级见表 2-48,表 2-49。

表 2-48　骨粉的感官指标及等级

物理性状＼等级	一　级	二　级	三　级
色　泽	浅灰白色	灰白色	灰白色
状　态	粉状或颗粒状		
气　味	具固有气味,无不良气味	具固有气味,无腐败气味	

表 2-49　骨粉的质量指标及等级　(%)

成　分＼等级	一　级	二　级	三　级
水　分	≤8.0	≤9.0	≤10.0
钙	≥25.0	≥22.0	≥20.0
磷	≥13.0	≥11.0	≥10.0

(三)质量控制

1. 感官鉴定　质量好的骨粉为灰白色细粉状物,手握不结块、不成团、不发黏、不发滑,撒手即散,用 0.4 毫米筛孔过筛残留物不超过 3%。如果产品呈白色半透明状,表面有光泽,搓之发滑,相对密度较大,说明掺入了滑石粉、石粉等物;如果产品呈白色或灰色、粉红色,并有暗淡半透明的光泽,搓之颗粒质硬刺手,握之不粘结,说明有贝壳粉掺入。有的骨粉含沙较多,有些是以从废品收购站买来的杂骨作为原料,在加工前已霉变,骨中脂肪发黄,在加工过程中又未能很好脱脂、脱胶,因此加工出来的骨粉质量差,不宜用作饲料。也可用放大镜或显微镜进行观察，并与石粉、贝壳粉、优质骨粉等进行对照比较，如为伪劣产品，可进一步判断骨粉中掺入的物质。

多种动物的骨骼均可制作成骨粒，一般骨粒质量较好，不易掺假，其中以牛骨所制作的骨粒为最佳。骨粒的颜色应鲜明，颜色发灰、暗淡者质量不好；骨粒的脱脂脱胶应彻底，骨中存留脂肪者易于氧化变质，骨粒上有霉变或骨粒中的脂肪发黄者，在一定程度上反映骨粒不新鲜，应监测其微生物指标。

2. 实验室测定　主要检测项目为钙和磷。

3. 掺假检验　骨粉的钙、磷比例大约为 2∶1，若差异较大，则可能为掺假骨粉。掺假骨粉通常混以石粉或贝壳粉，含磷量多在 10%以下。也可用以下方法初步判断其是否掺假。

漂洗法：将骨粉放入水中，通过浮沉冲洗等办法来鉴别样品的伪劣。方法是取样品少许放入洁净的玻璃杯中，加入适量的水后，观察水面上的浮物和水底沉淀物。如果水面上漂有植物性纤维和淀粉等颗粒，说明有植物性物质掺入；如果杯底有沙石及其他矿物质，说明有沙石及其他矿物质。如果将这些掺入物分离晒干称重，可计算出掺入的比例。

气泡法：取样品 2 克放入玻璃杯中加入 25%的稀盐酸适量观察其变化。如果样品内有大量气泡产生，说明产品中掺有石粉、贝壳粉等物质。

测色法：先在玻璃器皿或瓷盘上面放上白纸，再取样品少许置于白纸上，将碘 2 克溶解于 6%的碘化钾溶液中，取此液适量滴于样品上观察其颜色变化。如果样品中有蓝紫色的颗粒状物出现，说明掺有淀粉等植物性粉末。

(四)有毒有害成分　简易方法生产的骨粉，常使用劣质原料，不经脱脂、脱胶和热压灭菌而直接粉碎，产品中有较多脂肪和蛋白质，容易腐败变质。劣质骨粉外观为褐色或深褐色，有不良气味，甚至有很重的腐败气味、哈喇味。劣质骨粉有传播疾病的危险，使用时应注意检测其微生物指标。

二、磷酸氢钙与磷酸二氢钙

(一)概述 生产上用工业磷酸与石灰乳或碳酸钙中和生成磷酸氢钙和磷酸二氢钙。磷酸氢钙为白色或灰白色粉末，通常含2个结晶水($CaHPO_4 \cdot 2H_2O$)。磷酸氢钙的钙、磷利用率高，性质稳定，溶于稀盐酸、醋酸，微溶于水，不溶于乙醇，吸湿性小。在115℃～120℃时失去2个结晶水，加热至400℃以上时形成焦磷酸钙，是优质的钙、磷补充料。劣质产品中氟含量超标5～10倍，如使用可致氟中毒。

磷酸二氢钙为白色结晶粉末，多为1水盐$Ca(H_2PO_4)_2 \cdot H_20$，市售品是经湿法或干法磷酸液作用于磷酸二钙或磷酸三钙所制成的。因此，常含有少量未反应的碳酸钙及游离磷酸，吸湿性强而呈酸性，易溶于水。磷酸二氢钙的钙利用率比磷酸氢钙好，尤其在水产动物饲料中更为显著。

(二)质量标准

1. 饲料级磷酸氢钙的技术指标 我国化工行业标准(HG 2636-2000)饲料级磷酸氢钙应符合表2-50要求。

表2-50 饲料级磷酸氢钙的技术指标 (%)

项 目	指 标	项 目	指 标
钙	≥21.0	重金属(以铅计)	≤0.003
磷	≥16.5	砷	≤0.003
氟	≤0.18	细度(粉末状通过孔径500微米试验筛)	≥95

2. 饲料级磷酸二氢钙的技术指标　我国化工行业标准(HG 2861-1997)饲料级磷酸二氢钙应符合表 2-51 要求。

表 2-51　饲料级磷酸二氢钙的技术指标　(%)

项　目	指　标	项　目	指　标
钙	15.0～18.0	砷	≤0.004
磷	≥22.0	pH 值	≥3
水溶性磷	≥20.0	水分	≤3.0
氟	≤0.20	细度(粉末状通过孔径 500 微米试验筛)	≥95.0
重金属(以铅计)	≤0.003		

(三)质量控制

1. 感官鉴定　饲料级磷酸氢钙为白色、微黄色、微灰色粉末或颗粒,饲料级磷酸二氢钙为白色或略带微黄色粉末,无结块,无臭、无味,细度均匀,手感柔软。

2. 实验室测定　主要检测项目有钙、磷、氟含量。饲料级磷酸氢钙的钙、磷正常含量范围应为:钙 21%～23.2%,磷 16%～18%。检测结果超出此范围,则为不合格产品;若钙、磷比偏高,可能是磷酸三钙或磷矿粉含量高;若钙、磷比在 2∶1 以上,则可能掺有石粉。

3. 简易检测

(1)溶解性检验　磷酸氢钙几乎不溶于水、乙醇,易溶于盐酸、硝酸。取少许样品于小杯中,滴加 1+3 盐酸溶液将试样充分溶解,饲料级磷酸氢钙应完全溶解,而且在滴加盐酸时没有气泡产生或微起气泡,没有吱吱声。如在滴加盐酸时立即产生大量气泡,同时发出吱吱声,则说明被测样品中掺有石粉。

(2)失重试验　饲料级磷酸氢钙含有 2 个结晶水,在

115℃条件下干燥失重。准确称取2～5克样品，精确到0.0002克，置于105℃烘箱中，烘5～6小时，再次精确称其重量，正常的饲料级磷酸氢钙的失重率应为19.8%～20.9%。不失重或失重很少的则可能是磷酸三钙或掺假产品。

4. 掺假检验　常见的磷酸氢钙掺假物或假冒物有细石粉、细骨粉、高氟磷酸三钙、农用过磷酸钙、磷矿石粉以及石粉和磷酸的混合物等。由于这些物质均为无机物，外观及物理特性相近，除石粉外，其他掺假物或假冒物都含有一定量的磷，有的磷含量还较高，蒙骗性较强，但这些伪劣产品中的钙、磷利用率低，或是含有大量的氟以及其他有毒有害物质，严重危害畜禽的健康。

(1)掺入石粉或轻质碳酸钙鉴别方法　石粉粉碎至粒度0.171毫米以下，形态与磷酸氢钙相似，但相对密度大于磷酸氢钙，而轻质碳酸钙无论从感观到相对密度都与磷酸氢钙相似。可用稀盐酸鉴别，取样品1～2克，加入稀盐酸5～10毫升，轻轻震摇即发生剧烈反应，有气泡产生，气泡产生得越多，说明石粉或轻质碳酸钙越多。

(2)掺入滑石粉鉴别　滑石粉($3MgO \cdot SiO_2 \cdot H_2O$)的感观形态与优质磷酸氢钙相似，但不溶解于稀盐酸，并有半透明薄膜浮于表面，可以此鉴别。

(3)掺入磷酸三钙的鉴别　煅烧法生产的磷酸三钙感观状态类似磷酸氢钙，只是相对密度稍大，含钙量达26%～32%。加入稀盐酸后，少部分溶解，溶液呈淡黄色，可以此鉴别。

(4)掺入骨粉的鉴别　掺入骨粉目的是为降低氟含量，其色泽偏灰暗或偏黄褐色，掺入骨粉一半以上，即有骨粉的气味，也可用下述方法进一步鉴别。

方法一：取样品1～2克，加入过量的稀盐酸后产生大量的泡沫，反应结束后溶液浑黄，底层有不溶物存在，说明是掺骨粉的伪劣产品。

方法二：检测水分含量，视骨粉的量，水分含量可达3%～6%。

方法三：检测样品含氮量来验证是否掺有骨粉。

(5)掺入磷矿粉的鉴别　磷矿粉是磷矿石磨成的细粉，呈灰白色、黄棕色或白色，氟含量达2%左右，钙含量达32%左右，不溶于稀盐酸，可以此鉴别。

(6)掺入农用过磷酸钙的鉴别　农用过磷酸钙呈灰白色至深灰色，加入稀盐酸后溶液呈土灰色，底部有部分不溶物，可以此鉴别。

(四)有毒有害成分　由于天然磷矿石中一般含有较多的氟，饲料中的氟主要来源于磷补充物，而氟过多会引起畜禽中毒。所以，氟含量是判断磷酸氢钙优劣的一个重要指标。饲料级磷酸氢钙必须检测氟含量。

氟超标会使动物慢性中毒，首先表现为氟斑牙，即动物的恒齿(乳齿换掉后的牙齿)表面粗糙没有光泽(牙釉质发育不良)，有斑点、斑纹或斑块，牙齿变脆易磨损，上述变化常左右对称。氟慢性中毒还造成骨质疏松、骨硬化或骨软化，关节僵硬、运动困难，家畜容易骨折，尤其是后部肋骨，常见两侧对称性骨折。

三、石粉与轻质碳酸钙

(一)概述　石粉是天然的碳酸钙，用天然矿石经筛选后粉碎、筛分即得成品。优质石灰石制取建材(如石末等)的下脚料筛分后也可用于饲料，而且成本低。

石粉含钙量很高，价格便宜，为饲料业应用最普遍、使用量最大的补钙原料，生物学利用率优良，成本低廉，货源充足，可谓价廉物美。使用量，肉鸡、猪、牛、羊的配合饲料中一般占1%～2%，奶牛配合饲料稍高些，产蛋鸡饲料7%左右。

目前还有相当一部分厂家用石粉做微量元素载体，其特点是流散性好，不吸水，成本低；缺点是承载性能略次于沸石、麦饭石。

精选优质石灰石（呈纯白色，实际上即方解石）粉碎至200目以上细度时，工业上称作重质碳酸钙，优质的南京石粉即属此类。工业上用碳化法将精选过的石灰石经煅烧、消化溶解制得石灰乳，再经过碳化可制得轻质碳酸钙，轻质碳酸钙呈白色粉末、无味、无臭。有无定型和结晶型两种形态，易溶于酸，放出二氧化碳，呈放热反应，在空气中稳定，有轻微的吸潮能力。

(二)质量标准

1. *石粉的质量控制*　可参考下述指标：①外观：淡灰色至灰白色、白色粉末或颗粒，无味，无吸湿性，无明显杂质；②碳酸钙($CaCO_3$)≥94.0%；③钙(Ca)≥37.6%；④镁(Mg)≤1.5%；⑤铅(Pb)≤0.002%；⑥砷(As)≤0.001%；⑦汞(Hg)≤0.0002%；⑧水分(H_2O)≤0.5%；⑨盐酸不溶物≤0.5%；⑩粒度，用于产蛋禽过10～40目标准筛，用于肉用禽及畜类过40～80目标准筛。

2. *饲料级轻质碳酸钙质量要求*　我国化工行业标准(HG 2940-2000)规定饲料级轻质碳酸钙应符合表2-52要求。

表 2-52 饲料级轻质碳酸钙质量要求 （%）

项 目	指 标	项 目	指 标
碳酸钙($CaCO_3$)(以干基计)	≥98.0	重金属(以 Pb 计)	≤0.003
钙(Ca)(以干基计)	≥39.2	砷(As)	≤0.0002
水 分	≤1.0	钡盐(以 Ba 计)	≤0.030
盐酸不溶物	≤0.2		

(三)质量控制

1. 感官鉴定 石粉为白色、浅灰色乃至灰白色，无味，无吸湿性，表面有光泽，呈半透明的颗粒状。

2. 实验室测定 取适量石粉于容器中，沿容器壁缓慢滴入稀盐酸少量，有气泡产生，继续加入稀盐酸适量，石粉能溶解完全，说明石粉质量可以。进一步鉴定，应测定其钙的含量，石粉含钙量不低于 33%，一般钙含量为 33%～39%。

(四)应用中要注意的问题 目前用石粉补钙时容易忽视的问题是：①一般不测定含镁量，而镁含量过高(>2%)往往会影响钙的吸收；②石粉价低，添加时往往偏高或处于理论上限，这样都容易造成钙、磷比例不当，甚至影响其他微量元素的吸收利用，影响饲养效果；③禽产蛋期石粉粒度应是粗、中、细均有最为合适，以满足整个蛋壳形成过程对钙的需求；④有毒元素含量(如铅、砷)很少有人测定，若遇含量高易造成危害。

四、贝壳粉

(一)概述 贝壳粉是所有贝类去肉后的外壳，经干燥、粉碎、筛分而制得的产物，包括牡蛎壳粉、河蚌壳粉以及蛤蜊壳等，粒度大的也叫贝砂。多呈灰白色、灰色、灰褐色，主要成分为碳酸钙，习惯上将海产品称为蛎壳粉、淡水河流产品称蚌壳粉。一般蛎壳粉硬度大于蚌壳粉。主产区为沿海地区、沿江河地区及湖泊、水库区。贝壳年产量约几十万吨，制成贝粉的约几万吨。

优质贝壳粉杂质少，含钙高，是鸡、猪饲料的优质补钙剂，特别是贝砂，用作产蛋鸡和种鸡饲料(也可与石粉掺用，但贝砂不少于补钙剂的 30%)，会使蛋壳质量好，强度高，破、软蛋少。

贝壳粉价格一般比石粉贵 1～2 倍，所以饲料成本会随之上升，特别是产蛋鸡和种鸡料需钙量高，应根据实际情况决定取舍。最好用 30%贝壳粉，70%石粉，既不影响蛋壳质量，成本也增加不多。实践证明此法甚佳，但必须是优质贝砂。

(二)质量标准 贝壳粉质量控制可参考下述指标：①外观灰白色粉末或片状颗粒，无臭；②钙含量≥33%；③水分≤1%；④杂质≤1%；⑤沙门氏菌不得检出；⑥细度，贝壳砂 1～3 毫米颗粒或片状粒，贝壳粉可通过 40～80 目标准筛。

(三)质量控制

1. 感官鉴定　外观有贝壳特有的光泽、色泽；不同贝类所制贝壳粉差别较大。首先硬度相差很大，有的贝壳用手轻轻一碰即可折断，有些却很硬；其次颜色不同，有的白色、有的淡黄、有的外褐内白，所以贝壳粉差异随原料而变。无腥臭味。

2. 实验室测定　常用的检测项目为钙、水分。

(四)有毒有害成分 制造贝壳粉时若贝肉剔除不尽，贮存不当，水分过高会致使微生物繁殖，影响贝壳粉质量，购入时要注意检查微生物指标。

五、食　盐

(一)概述　食盐的化学名称是氯化钠，地质学上叫做石盐，按开采方式应包括海盐、井盐和岩盐。海盐是将海水引入盐池自然晾晒，水分蒸发、浓缩结晶而得。井盐是在含盐水井中直接捞取盐结晶或晾晒井水而得。岩盐是开采含盐岩矿而得。我国石盐年产量50万～100万吨。

食盐是石盐经加工净化后成为可食性的产品。石盐经简单去杂(如泥土)后叫做粗制盐或洗盐，颗粒大小不等。粗制盐经水溶、过滤、蒸发结晶所得即为精制盐，一般符合食用或饲料用的粒度(过30目筛)，颜色白且纯正均匀，流散性较好，可直接用于饲料加工。

加碘食盐通常是由精制食盐与碘酸钾、碘酸钙或碘化钾等均匀混合而制得，一般含碘量大于0.007%。用本品做饲料用盐，对大鸡、大猪可不再加碘，但对于雏鸡、仔猪、奶牛，特别是种畜、禽，还需再补加含碘化合物。加碘食盐贮存时要求阴凉、通风、干燥、避光，以免碘损失。加碘食盐价格偏高，故目前饲料业应用较少。

食盐水溶性好，生物利用率高，是优质饲料钠源和氯源，同时是最佳调味品。食盐的主要作用是刺激唾液分泌，促进消化，提供钠、氯离子以维持体液渗透压，胃酸形成等，不可缺少或过量，必须适量供给。食盐过于缺乏时畜禽食欲减退，影响生长发育，影响繁殖；食盐过剩，畜禽则可能发生中毒。

食盐在畜禽配合饲料中用量一般为0.25%～0.5%。

鸡饲料中含食盐为0.25%～0.3%，至少在0.15%以上。鹌鹑饲料含食盐应在0.06%以上。过多易发生腹泻现象。

雏鸡饲料含食盐0.7%以上则会生长受阻，严重时会出现死亡。产蛋鸡饲料含食盐1%可造成产蛋率下降。火鸡幼雏更为敏感，饲料中含食盐0.4%即见不良影响。

猪饲料中含食盐应在0.5%～1%之间，低于0.5%时可见精神不振、食欲减退甚至异嗜（如咬尾）。限水条件下给猪饲喂含食盐6%～8%的饲料，造成神经过敏、步行异常、麻痹、衰弱及死亡等中毒现象。

肉牛饲料最低含食盐量为0.25%，缺乏时可见食欲减退、增重减慢。奶牛饲料最低含盐量不应低于肉牛下限，至少应使含钠0.18%以上，缺乏时会导致体重降低，泌乳减少。实际生产中肉牛和奶牛饲料的含食盐多在0.6%～1.2%之间，效果较好。很少见牛食盐中毒现象，原因是牛对氯化钠过量不像猪、鸡那样敏感。

除加入配合饲料中应用外，还可直接将食盐加入饮水中饮用，但要注意浓度和饮用量。将食盐制成盐砖更适合放牧动物舔食。

食盐还可作为微量元素添加剂的载体。由于食盐吸湿性强，所以，作为载体的食盐必须保持含水量在0.5%以下，制作微量元素预混料后也应妥善贮藏保管。

（二）质量标准 精制食盐含氯化钠99%以上，饲料用氯化钠一般纯度98%以上（允许加1%～1.5%的抗结块剂）。

食盐质量控制可参考下述指标：①外观为白色粉末或结晶粉末，无可见杂质；②氯化钠（NaCl）≥98%；③钠（Na）≥39%；④氯（Cl）≥60%；⑤水分（H_2O）≤0.5%；⑥水不溶物≤1.6%；⑦细度，全部通过30目标准筛。

（三）质量控制

1. 感官鉴定 外观为白色粉末或结晶粉末，无可见杂质，正常咸味，水溶液澄清透明。

2. 实验室测定　主要检测项目为氯化钠或氯离子、水分、铅、砷、氟。

我国食用盐国家标准要求：铅（以 Pb 计）≤1.0 毫克/千克，砷（以 As 计）≤0.5 毫克/千克，氟（以 F 计）≤5.0 毫克/千克。加碘盐含碘（以 I 计）量 20～50 毫克/千克。

（四）应用中要注意的问题

第一，食盐很易离解成离子状态（特别是潮湿状态下），故不宜直接与维生素或硫酸亚铁等接触，以免相互产生破坏作用，影响其效价。

第二，食盐在贮存过程中或受外力时易形成小团粒，故使用中尽量先过筛后添加，以免影响其在饲料中的混合均匀度，特别是雏鸡料等更要注意。

第三章　饲料添加剂的质量控制

在日粮中添加的少量或微量可饲物质称为饲料添加剂。主要包括氨基酸添加剂、微量元素添加剂、维生素添加剂等营养性添加剂，以及药物添加剂、香味剂、着色剂等非营养性添加剂。

第一节　氨基酸添加剂

目前人工合成并作为添加剂使用的氨基酸主要有赖氨酸、蛋氨酸、色氨酸和苏氨酸等，其中以赖氨酸和蛋氨酸应用最普遍。

一、蛋氨酸及其类似物

（一）概述　蛋氨酸是含硫氨基酸。在各种配合饲料中特别是禽类饲料中，蛋氨酸是第一限制性氨基酸。在20多种氨基酸中，只有3种是含硫氨基酸，而蛋氨酸是3种含硫氨基酸中使用最广泛的一种。一般在配合饲料中添加0.1%的蛋氨酸，可提高蛋白质的利用效率2%～3%，对提高产蛋率、增加瘦肉率都有效。

蛋氨酸在动物体内几乎都被用作体蛋白质的合成。也有少部分在体内分解代谢，转化成与动物发育有关的重要物质，如蛋氨酸可较快地转化成胱氨酸，对细胞的增殖起重要作用；蛋氨酸可提供活性甲基，有补充胆碱或其他B族维生素的部分作用。人类在对这些生物化学转化过程的研究中，也进一步认识了蛋氨酸类似物在动物体内的作用，因而它们的用量也在不断增加。

(二)蛋氨酸种类、性质及质量标准 目前世界上用于饲料添加的有DL-蛋氨酸、羟基蛋氨酸、羟基蛋氨酸钙盐和N-羟甲基蛋氨酸钙。它们均为化学法合成。

1. DL-蛋氨酸 又名甲硫氨酸，分子式为 $C_{15}H_{11}NO_2S$，分子量149.22。蛋氨酸是有旋光性的化合物，分为D型和L型。在动物体内，L型易被动物肠壁吸收，D型须经酶转化成L型后才能参与蛋白质的合成，由于D型可以在动物体内转化成L型，故在饲料中可以使用D型和L型的混合物。用化学法合成的产物是D型、L型混合的外消旋化合物。它是白色片状或粉末状晶体。具有微弱的含硫化合物的特殊气味。易溶于水、稀酸和稀碱，微溶于乙醇，不溶于乙醚。溶点为281℃(分解)，其1%的水溶液的pH值为5.6～6.1。

我国制定的饲料添加剂DL-蛋氨酸进口监测质量标准是：外观为白色-淡黄色结晶或结晶性粉末，质量指标须符合表3-1的要求。

表3-1 DL-蛋氨酸质量指标

项 目	$C_{15}H_{11}NO_2S$(干基)	砷(以As计)	重金属(以Pb计)	水 分	氯化物
指 标	≥98.5%	≤2毫克/千克	≤20毫克/千克	≤0.5%	≤0.2%

2. 蛋氨酸羟基类似物及其钙盐 蛋氨酸羟基类似物又名液态羟基蛋氨酸，MHB。分子式为 $C_5H_{10}O_3S$，分子量150.2。羟基蛋氨酸是深褐色粘液，含水量约12%。有硫化物特殊气味。其pH值1～2。容重(20℃)1.23。凝固点为－40℃。它是以单体、二聚体、三聚体组成的平衡混合物，其含量分别为65%，20%，3%。主要是因羟基和羧基间的酯化

作用而聚合。据试验，羟基蛋氨酸的二聚体在模拟肠液（1%猪胰酶制剂的磷酸缓冲液）中，在30分钟内就可完成50%的水解变成单体。若在肉鸡的小肠段中进行人工培养，1小时后二聚体水解大约70%，2小时后约水解92%。在小肠组织中存在着D-羟基酸脱氢酶，有可能使羟基蛋氨酸转化成L-蛋氨酸，因而二聚体的水解会进一步完成。

实验研究表明，完全用羟基蛋氨酸代替L-蛋氨酸时，其效果只有40%；若日粮中有0.15%的L-蛋氨酸时，羟基蛋氨酸的效果与DL-蛋氨酸相同；若以1/3 L-蛋氨酸＋1/3羟基蛋氨酸＋1/3胱氨酸的比例添加时，其效果高于任何一种单独使用的效果。在实际生产中，天然饲料（如玉米、豆粕等）中含有的L-蛋氨酸量均大于0.15%，因而可以保证羟基蛋氨酸的活性充分被利用。

羟基蛋氨酸是液态，在使用时是喷入饲料后混合均匀的。这样的混合方式的优点是添加量准确，操作简便，无粉尘，节省人工及降低贮存费用等。

农业部制定的羟基蛋氨酸的质量标准是：外观为褐色或棕色粘液，有含硫基团的特殊气味，易溶于水。容重（120℃）为1.22～1.23。质量指标须符合表3-2的要求。

表3-2 羟基蛋氨酸质量指标

项　目	$C_5H_{10}O_3S$	砷（以As计）	重金属（以Pb计）	铵　盐	氰化物
指　标	≥88.0%	≤2毫克/千克	≤20毫克/千克	≤1.5%	≤10毫克/千克

羟基蛋氨酸钙盐是用液体的羟基蛋氨酸与氢氧化钙或氧化钙中和，经干燥、粉碎和筛分后制得。分子式为$(C_5H_9O_3S)_2Ca$，分子量338.4。

农业部制定的羟基蛋氨酸钙盐（CaMHA）的质量标准

是:外观为浅褐色粉末或颗粒,有含硫基团的特殊气味,可溶于水;粒度为全部通过18目筛、40目筛上物不超过30%。质量指标须符合表3-3的要求。

表3-3　羟基蛋氨酸钙盐质量指标

项　目	$(C_5H_9O_3S)_2Ca$	砷(以As计)	重金属(以Pb计)	无机钙盐
指　标	≥97.0%	≤2毫克/千克	≤20毫克/千克	≤1.5%

3. N-羟甲基蛋氨酸钙　商品名Mepron,又称保护性氨基酸。适用于反刍动物。

农业部制定的N-羟甲基蛋氨酸钙质量标准是:含量以蛋氨酸($C_5H_{11}NO_2S$)应在67.6%以上,钙≤9.1%,甲醛≤13.6%,砷≤0.01毫克/千克,汞≤0.08毫克/千克,铅≤7.5毫克/千克,铁≤19毫克/千克,镉≤0.4毫克/千克。

(三)质量控制

1. 感官鉴定　3种蛋氨酸外观应符合上述质量要求。在生产中DL-蛋氨酸应用最多。

DL-蛋氨酸为白色或淡黄色结晶或结晶性粉末,片状,在正常光线下有反射光发出。市场上的假蛋氨酸多呈粉末状,颜色多为纯白色或浅白色,在正常光线下没有反射光或只有零星的反射光发出。用铝制或塑料小勺插入蛋氨酸样品中转动几下,真蛋氨酸往往可见到由于静电作用而吸附于小勺表面,假蛋氨酸无此现象。真蛋氨酸具有含硫基团的特殊刺鼻气味,假蛋氨酸气味较淡或有其他气味。取一点放于舌尖上品尝有微甜味,假的蛋氨酸有涩感或怪味而无甜味。取少量蛋氨酸放于瓷板上,用火点燃,真品蛋氨酸可以燃烧,并有烧焦的羽毛味,假蛋氨酸无此现象。

2. 实验室测定

(1)凯氏定氮法　取少量蛋氨酸样品,用测定粗蛋白质的方法进行测定。计算结果时，计算公式中不乘以 6.25，即为蛋氨酸中的氮含量。

DL-蛋氨酸的分子量为 149.22，1 个分子的蛋氨酸含有 1 个氮原子，纯品蛋氨酸的理论含氮量为 9.38%。以理论含氮量乘以商标上的纯度即得出样品应达到的含氮量。用实验测得的含氮量与样品应达到的含氮量进行比较，以判定样品的质量。

(2)含量测定法　简易判别法和凯氏定氮法只能粗略地进行判别，若需进一步判定，可将样品送到专业实验室，按照国家标准规定检测蛋氨酸的含量及其他指标的含量，然后与质量标准进行对比判定。

(四)应用中注意的问题　以上各种蛋氨酸类似物，在使用中都应折算成等摩尔的蛋氨酸量来添加。计算时要考虑每种产品的浓度及所代表的化合物的分子量，如需要 149.2 克纯蛋氨酸时，应添加饲料级 DL-蛋氨酸为 149.2/98.5% = 151.5 克；添加羟基蛋氨酸应为 149.2×150.2÷149.2÷88% = 170.7 克；添加羟基蛋氨酸钙盐应为 149.2×338.4÷2÷149.2÷97% = 174.4 克；添加 N-羟甲基蛋氨酸钙应为 149.2÷67.6% = 220.7 克。

由于蛋氨酸属微量成分，在饲料中添加量很少，生产中一定要保证均匀添加于饲料中。

二、L-赖氨酸盐酸盐

(一)概述　L-赖氨酸盐酸盐的化学名称是 L-2，6-二氨基己酸盐酸盐，是白色结晶，易溶于水，熔点为 263℃～264℃。分子式为 $C_6H_{14}N_2O_2 \cdot HCl$，分子量 182.65。它是用淀粉、糖质为原料发酵后再提取精制而成。

（二）质量标准　我国制定的饲料添加剂 L-赖氨酸盐酸盐国家标准 GB 8345-87，其技术要求如下：外观为白色或淡褐色粉末，无味或稍有特殊气味。易溶于水，难溶于乙醇及乙醚，有旋光性。本品的水溶液（1＋10）的 pH 值为 5.0～6.0。质量指标须符合表 3-4 的要求。

表 3-4　L-赖氨酸盐酸盐质量指标

项　目	指　标	项　目	指　标
含量（以 $C_6H_{14}N_2O_2 \cdot HCl$% 干基计）	98.5%	铵　盐	≤0.04%
比旋光度	＋18.0～＋21.5	重金属（以 Pb 计）	≤0.003%
干燥失重	≤1.0%	砷（以 As 计）	≤0.0002%
灼烧残渣	≤0.3%		

（三）质量控制

1. 感官鉴定

（1）外观气味　赖氨酸为白色或淡褐色小颗粒或粉末，无气味或稍有特殊气味。假赖氨酸色泽异常，气味不正。

（2）品尝　用嘴品尝赖氨酸带有酸味，无涩感。

（3）燃烧检验　纯品赖氨酸能迅速燃尽，基本无残渣，假赖氨酸则燃烧不完全，有明显燃烧残渣。赖氨酸燃烧产生的烟为碱性气体，可使湿的广泛 pH 值试纸变蓝色。

（4）溶解检验　用 100 毫升左右的水，加少量赖氨酸样品，搅拌 5～10 分钟，纯品赖氨酸能够完全溶解，无沉淀，假赖氨酸则溶解不完全，有沉淀残渣。

2. 实验室测定

（1）凯氏定氮法　取少量赖氨酸样品，用测定粗蛋白质的方法进行测定。计算结果时，计算公式中不乘以 6.25，即为赖氨酸中的氮含量。

赖氨酸的分子量为146,1个分子的赖氨酸含有2个氮原子,纯品赖氨酸的理论含氮量为19.2%。以理论含氮量乘以商标上的纯度即得出样品应达到的含氮量。用实验测得的含氮量与样品应达到的含氮量进行比较,以判定样品的质量。

(2)赖氨酸含量的测定　若需进一步判定,可将样品送到专业实验室用国标法或高压液相色谱仪检测赖氨酸的含量,同时检测其他指标的含量,然后与质量标准进行对比判定。

(四)应用中要注意的问题

第一,由于赖氨酸属微量成分,在饲料中添加量很少,生产中一定要保证均匀添加于饲料中。

第二,饲料中添加赖氨酸时,添加的是赖氨酸盐酸盐,计算时应为赖氨酸添加量=需要量÷L-赖氨酸盐酸盐的含量(78%)。

第二节　维生素与微量元素添加剂

一、维生素添加剂

(一)概述　维生素饲料指人工合成的各种维生素化合物商品,不包括某种维生素含量高的青绿多汁饲料。由于动物对维生素需要量低,维生素饲料常作为饲料添加剂使用。

维生素种类很多,按其溶解性分为脂溶性维生素和水溶性维生素。因此,维生素饲料或叫维生素添加剂包括脂溶性维生素添加剂和水溶性维生素添加剂两种。它们分别以脂溶性和水溶性维生素为活性成分,加上载体、稀释剂、吸附剂或其他化合物混合而成。

(二)质量标准　各种维生素添加剂的规格要求见表3-5。

表 3-5 维生素添加剂的规格要求

种类	外观	粒度（个/克）	含量	容重（克/毫升）	水溶性	重金属（毫克/千克）	砷盐（毫克/千克）	水分（%）
维生素 A 乙酸酯	淡黄到红褐色球状颗粒	10 万～100 万	50 万单位/克	0.6～0.8	在温水中弥散	<50	<4	<5.0
维生素 D_3	奶油色细粉	10 万～100 万	10 万～50 万单位/克	0.4～0.7	可在温水中弥散	<50	<4	<7.0
维生素 E 乙酸酯	白色或淡黄色细粉或球状颗粒	100 万	50%	0.4～0.5	吸附制剂不能在水中弥散	<50	<4	<7.0
维生素 K_3（MSB）	淡黄色粉末	100 万	50%甲萘醌	0.55	溶于水	<20	<4	—
维生素 K_3（MSBC）	白色粉末	100 万	25%甲萘醌	0.65	可在温水中弥散	<20	<4	—
维生素 K_3（MPB）	灰色到浅褐色粉末	100 万	22.5%甲萘醌	0.45	溶于水的性能差	<20	<4	—

续表 3-5

种类	外观	粒度（个/克）	含量	容重（克/毫升）	水溶性	重金属（毫克/千克）	砷盐（毫克/千克）	水分（%）
盐酸硫胺素	白色粉末	100万	98%	0.35～0.4	易溶于水，有亲水性	<20	—	<1.0
硝酸硫胺素	白色粉末	100万	98%	0.35～0.4	易溶于水，有亲水性	<20	—	—
维生素 B_2	橘黄色细粉	100万	96%	0.2	很少溶于水	—	—	<1.5
维生素 B_6	白色粉末	100万	98%	0.6	溶于水	<30	—	<0.3
维生素 B_{12}	浅红色到浅黄色粉末	100万	0.1%～1%	因载体不同而异	溶于水	—	—	—
泛酸钙	白色到浅黄色粉末	100万	98%	0.6	易溶于水	—	—	<20（毫克/千克）
叶酸	黄色到橘黄色粉末	100万	97%	0.2	水溶性差	—	—	<8.5

续表 3-5

种类	外观	粒度（个/克）	含量	容重（克/毫升）	水溶性	重金属（毫克/千克）	砷盐（毫克/千克）	水分（%）
烟酸	白色到浅黄色粉末	100万	99%	0.5～0.7	水溶性差	<20	—	<0.5
生物素	白色到浅褐色	100万	2%	因载体不同而异	溶于水或在水中弥散	—	—	—
氯化胆碱（液态制剂）	无色液体	—	70%，75%，78%	含70%者为1.1	易溶于水	<20	—	—
氯化胆碱（固态）	白色到褐色粉末	因载体不同而异	50%	因载体不同而异	氯化胆碱部分易溶于水	<20	—	<30
维生素C	无色结晶，白色到淡黄色粉末	因粒度不同而异	99%	0.5～0.9	溶于水	—	—	—

(三)质量控制　上述各种维生素应符合其外观要求和溶解特征。

若需进一步判定,可将样品送到专业实验室用高压液相色谱仪或紫外分光光度计检测维生素的含量,同时检测其他指标的含量,然后与质量标准进行对比判定。

(四)应用中要注意的问题　维生素添加剂的稳定性较差,商品维生素制剂对氧化、还原、水分、热、光、金属离子、酸碱度等因素具有不同程度的敏感性。维生素添加剂在没有氯化胆碱的维生素预混料中的稳定性比在维生素—微量元素预混料中的稳定性高。有高剂量微量元素、氯化胆碱及高水分存在时,维生素添加剂易被破坏。在全价配合饲料中的稳定性取决于贮藏条件(表 3-6)。

表 3-6　维生素添加剂在全价料中的稳定性

维生素名称	稳　定　性
维生素 A(乙酸酯、棕榈酸酯)	与饲料贮藏条件有关,在高温、潮湿以及有微量元素和脂肪酸败情况下,维生素 A 受破坏加速
维生素 D_3	与维生素 A 类似
维生素 E	在 45℃条件下可保存 3～4 个月,在全价配合饲料中可保存 6 个月
维生素 K_3	与饲料贮藏条件有关,在粉状料中较稳定,对潮湿、高温及微量元素的存在较敏感;饲料制粒过程中有损失
维生素 B_1	在饲料中每月损失约 1%～2%;对热、氧化剂和还原剂敏感;pH 值 3.5 时最适宜
维生素 B_2	一般每年损失 1%～2%,但有还原剂和碱存在时稳定性降低
维生素 B_6	正常情况下每月损失不到 1%,对热、碱和光较敏感

续表 3-6

维生素名称	稳定性
维生素 B_{12}	正常情况下每月损失 1%～2%，但在高浓度氯化胆碱、还原剂及强酸条件下，损失加快，在粉料中很稳定
泛酸	正常情况下每月损失 1%，在高湿、热和酸性条件下损失加快
烟酸	正常情况下每月损失不到 1%
生物素	正常情况下每月损失不到 1%
叶酸	在粉料中稳定，对光敏感；$pH<5$ 时稳定性差
维生素 C	对制粒和微量元素敏感，室温下贮藏 4～8 周损失 10%

由上可知，维生素添加剂应在避光、干燥、阴凉、低温环境条件下分类贮藏。在使用维生素添加剂时，不但应按其活性成分的含量进行折算，而且应考虑加工贮藏过程中的损失程度适当超量添加。

二、微量元素添加剂

（一）概述 动物所需的必需矿物元素有 16 种，其中 7 种为常量元素，余下的 9 种为微量元素，它们是铁、铜、锌、锰、钴、碘、硒、钼、氟。其中前 6 种在动物营养中的作用最大。能提供这些微量元素的矿物质饲料叫微量元素补充料。由于动物对微量元素的需要量少，微量元素补充料通常是作为添加剂加入饲粮中。

（二）质量标准 微量元素补充料主要是化学产品（一般以饲料级规格出售）。由于在化学形式、产品类型、规格以及原料细度上不同，其生物学利用率差异较大，销售价格也不一样。各种微量元素补充料及其元素含量见表 3-7。

表 3-7 微量元素化合物及其元素含量

	名 称	化 学 式	微量元素含量(%)
铁	硫酸亚铁(7 结晶水)	$FeSO_4 \cdot 7H_2O$	20.1(Fe)
	硫酸亚铁(1 结晶水)	$FeSO_4 \cdot H_2O$	32.9(Fe)
	碳酸亚铁(1 结晶水)	$FeCO_3 \cdot H_2O$	41.7(Fe)
	碳酸亚铁	$FeCO_3$	48.2(Fe)
	氯化亚铁(4 结晶水)	$FeCl_2 \cdot 4H_2O$	28.1(Fe)
	氯化铁(6 结晶水)	$FeCl_3 \cdot 6H_2O$	20.7(Fe)
	氯化铁	$FeCl_3$	34.4(Fe)
	柠檬酸铁	$Fe(NH_3)C_6H_8O_7$	21.1(Fe)
	葡萄糖酸铁	$C_{12}H_{22}FeO_{14}$	12.5(Fe)
	磷酸铁	$FePO_4$	37.0(Fe)
	焦磷酸铁	$Fe_4(P_2O_7)_3$	30.0(Fe)
	硫酸亚铁	$FeSO_4$	36.7(Fe)
	醋酸亚铁(4 结晶水)	$Fe(C_2H_3O_2)_2 \cdot 4H_2O$	22.7(Fe)
	氧化铁	Fe_2O_3	69.9(Fe)
	氧化亚铁	FeO	77.8(Fe)
铜	硫酸铜	$CuSO_4$	39.8(Cu)
	硫酸铜(5 结晶水)	$CuSO_4 \cdot 5H_2O$	25.5(Cu)
	碳酸铜(碱式,1 结晶水)	$CuCO_3,Cu(OH)_2 \cdot H_2O$	53.2(Cu)
	碳酸铜(碱式)	$CuCO_3Cu(OH)_2$	57.5(Cu)
	氢氧化铜	$Cu(OH)_2$	65.2(Cu)
	氯化铜(绿色)	$CuCl_2 \cdot 2H_2O$	37.3(Cu)
	氯化铜(白色)	$CuCl_2$	64.2(Cu)
	氯化亚铜	$CuCl$	64.1(Cu)
	葡萄糖酸铜	$C_{12}H_{22}CuO_4$	1.4(Cu)

续表 3-7

	名　称	化学式	微量元素含量(%)
铜	正磷酸铜	$Cu_3(PO_4)_2$	50.1(Cu)
	氧化亚铜	Cu_2O	79.9(Cu)
	氧化铜	CuO	66.5(Cu)
	碘化亚铜	CuI	33.4(Cu)
锌	碳酸锌	$ZnCO_3$	52.1(Zn)
	硫酸锌(7结晶水)	$ZnSO_4 \cdot 7H_2O$	22.7(Zn)
	氧化锌	ZnO	80.3(Zn)
	氯化锌	$ZnCl_2$	48.0(Zn)
	醋酸锌	$Zn(C_2H_2O_2)_2$	36.1(Zn)
	硫酸锌(1结晶水)	$ZnSO_4 \cdot H_2O$	36.4(Zn)
	硫酸锌	$ZnSO_4$	40.5(Zn)
硒	亚硒酸钠(5结晶水)	$NaSeO_3 \cdot 5H_2O$	30.0(Se)
	硒酸钠(10结晶水)	$Na_2SeO_4 \cdot 10H_2O$	21.4(Se)
	硒酸钠	Na_2SeO_4	41.8(Se)
	亚硒酸钠	Na_2SeO_3	45.7(Se)
碘	碘化钾	KI	76.5(I)
	碘化钠	NaI	84.7(I)
	碘酸钾	KIO_3	59.3(I)
	碘酸钠	$NaIO_3$	64.1(I)
	碘化亚铜	CuI	66.7(I)
	碘酸钙	$Ca(IO_3)_2$	65.1(I)
	高碘酸钙	$Ca(IO_4)_2$	60.1(I)
	二碘水杨酸	$C_7H_4I_2O_3$	65.1(I)
	二氢碘化乙二胺	$C_2H_3N_2 \cdot 2HI$	80.3(I)
	百里碘酚	$C_{20}H_{24}I_2O_2$	46.1(I)

续表 3-7

	名 称	化 学 式	微量元素含量(%)
钴	醋酸钴	$Co(C_2H_2O_2)_2$	33.3(Co)
	碳酸钴	$CoCO_3$	49.6(Co)
	氯化钴	$CoCl_2$	45.3(Co)
	氯化钴(5 结晶水)	$CoCl_2 \cdot 5H_2O$	26.8(Co)
	硫酸钴	$CoSO_4$	38.0(Co)
	氧化钴	CoO	78.7(Co)
	硫酸钴(7 结晶水)	$CoSO_4 \cdot 7H_2O$	21.0(Co)
锰	硫酸锰(5 结晶水)	$MnSO_4 \cdot 5H_2O$	22.8(Mn)
	硫酸锰	$MnSO_4$	36.4(Mn)
	碳酸锰	$MnCO_3$	47.8(Mn)
	氧化锰	MnO	77.4(Mn)
	二氧化锰	MnO_2	63.2(Mn)
	氯化锰(4 结晶水)	$MnCl_2 \cdot 4H_2O$	27.8(Mn)
	氯化锰	$MnCl_2$	43.6(Mn)
	醋酸锰	$Mn(C_2H_2O_2)_2$	31.8(Mn)
	柠檬酸锰	$Mn_3(C_6H_5O_7)_2$	30.4(Mn)
	葡萄糖酸锰	$C_{12}H_{22}MnO_{14}$	12.3(Mn)
	正磷酸锰	$Mn_3(PO_4)_2$	46.4(Mn)
	磷酸锰	$MnHPO_4$	36.4(Mn)
	硫酸锰(1 结晶水)	$MnSO_4 \cdot H_2O$	32.5(Mn)
	硫酸锰(4 结晶水)	$MnSO_4 \cdot 4H_2O$	21.6(Mn)

(三)质量控制及应用中要注意的问题

1. 铜补充料　主要有硫酸铜、碳酸铜、氧化铜等。硫酸铜常用五水硫酸铜,为蓝色晶体,含铜 25.5%,易溶于水,利用率高。五水硫酸铜易潮解，长期贮藏易结块。

硫酸铜对眼、皮肤有刺激作用，使用时应戴上防护罩（套）。高剂量的铜可促使脂肪氧化酸败，并破坏维生素，应用时要注意。

2. 铁补充料　种类较多，分为无机铁盐与有机铁盐，目前主要用前者，常用的有硫酸亚铁、碳酸亚铁、氯化铁和氧化铁等。

硫酸亚铁通常为七水盐和一水盐，七水硫酸亚铁为绿色结晶颗粒，溶解性强，利用率高，含铁 20.1%。本品长期暴露于空气中时，部分二价铁会氧化成三价铁，颜色由绿色变成黄褐色，降低铁的利用率，黄褐色越多越深，表示三价铁越多，利用率就越低。

七水硫酸亚铁易潮解，贮藏太久或在高温高湿下易结块。

3. 锌补充料　无机锌补充料主要有硫酸锌、碳酸锌和氧化锌。

硫酸锌有七水和一水盐两种。七水盐为无色结晶，易溶于水，易潮解，含锌 22.7%；一水盐为乳黄色直至白色粉末，易溶于水，但潮解性比七水盐差，含锌 36.1%。

硫酸锌利用率高，但锌可加速脂肪酸败，使用时应注意。

氧化锌为白色粉末，稳定性好，不潮解，不溶于水，含锌 80.3%。近年研究表明，本品以 2 000～3 000 毫克/千克加入仔猪饲粮中可有效降低腹泻发生率，促进增重。

4. 锰补充料　使用较多的品种是硫酸锰、碳酸锰和氧化锰。

硫酸锰以一水盐为主，为白色或淡粉红色粉末，易溶于水，中等潮解性，稳定性高，含锰 32.5%。

本品在高温高湿情况下贮藏过久可能结块。硫酸锰对皮肤、眼及呼吸道粘膜有损伤作用，直接接触或吸入粉尘可引起炎症，使用时应戴防护用具。

5. *硒补充料* 常用的硒补充料有亚硒酸钠和硒酸钠两种。

亚硒酸钠为白色直至带粉红色结晶粉末，易溶于水。五水亚硒酸盐含硒 30％，无水亚硒酸盐含硒 45.7％。

硒酸钠为白色结晶粉末，无水硒酸盐含硒 41.8％。

亚硒酸钠和硒酸钠为剧毒物质，操作人员必须戴防护用具，严格避免接触皮肤或吸入粉尘，加入饲料中应注意用量和混合均匀度。

6. *碘补充料* 包括碘化钾和碘酸钾。

碘化钾为白色结晶粉末，易潮解，易溶于水，稳定性差，长期暴露在空气中会释出碘而呈黄色，在高温多湿条件下，部分碘会形成碘酸盐。碘化钾含碘 76.5％。

碘酸钾含碘 59.3％，稳定性比碘化钾好。

7. *钴补充料* 常用硫酸钴、碳酸钴和氯化钴，含钴分别为 38％，49.6％，45.3％，三者的生物利用率均好，但硫酸钴、氯化钴贮藏太久易结块，碳酸钴可长期贮存。

第三节 药物添加剂

一、抗生素

(一)抗生素种类 抗生素的种类很多，新品种不断涌现。目前用于国内医学临床上的 60 多种，在国内兽医临床上应用的也达 10 多种，其结构类型十分复杂。在医学和兽医学上，按抗生素的化学性质将其分为：青霉素类、氨基糖苷类、四环素类、大环内酯类、多肽类、多糖类、多烯类、其他类型的抗生素。

（二）用作饲料添加剂的抗生素应具备的条件 抗生素的种类很多，但并不是每一种抗生素都能用作饲料添加剂。一般来说，一种理想的可做饲料添加剂的抗生素应具备下列条件：①能经济有效地改善畜禽的生产性能；②不用或极少用作人医或兽医的临床治疗；③不引起微生物的抗药性或产生可转移的抗药性；④不经或很少经肠道吸收，不干扰肠道正常菌群的微生态平衡；⑤对人畜无害，无诱变作用或致癌作用；⑥不污染环境。

但在现有的抗生素中，还未能发现某种抗生素能满足上述所有的条件。虽然新的饲料添加剂用抗生素品种不断涌现，但金霉素、土霉素、四环素、青霉素＋链霉素等在人医和兽医临床上广泛使用的抗生素仍然被用作饲料添加剂，并得到一些国家的认可。因为到目前为止，尚无确切的实验依据证明，这些抗生素在饲料中添加会危及人类的健康。但这并不意味着可以无原则地、仅仅依据经济利益使用抗生素。所以，积极研究开发符合上述条件的理想抗生素是我们努力的方向。

（三）各类抗生素促生长剂的抗菌谱与使用情况

1. *青霉素类抗生素* 为青霉菌属的某些菌中产生的一类抗生素。其中，用作饲料添加剂的种类仅见青霉素G。

青霉素G又称苄青霉素，是一种不稳定的有机酸，难溶于水。用作饲料添加剂的青霉素为能溶于水的青霉素G的钾盐或钠盐，其性质稳定，耐热，室温中保存数年而不失抗菌活性。青霉素G内服后在胃酸的作用下部分失活，约30%在十二指肠内被吸收。

（1）抗菌谱 主要作用于链球菌、葡萄球菌、猪丹毒杆菌、棒状杆菌、梭菌、放线菌、李氏杆菌等革兰氏阳性菌。对大肠杆菌、巴氏杆菌、沙门氏菌等革兰氏阴性菌作用较弱，对病毒和立克次氏体完全没有作用。其抗菌效能常以单位表示，青霉素G钾盐的1个单位相当于0.625微克。

因链霉素的抗菌谱与青霉素有很好的互补性，所以在兽医临床上，常将青霉素G和链霉素联合使用。

(2)使用情况　我国禁止青霉素在饲料中使用。美国规定，青霉素G在猪饲料中的添加量为10～50毫克/千克，在小鸡饲料中的添加量为24～50毫克/千克。

2. 氨基糖苷类抗生素　该类型中各种抗生素的来源不同，但其化学结构相似。这类抗生素包括链霉素、卡那霉素、新霉素、越霉素A和潮霉素B等。

链霉素是从灰链丝菌的培养液中提取的，与酸类结合成盐。兽医临床和饲料添加剂中常用硫酸链霉素，易溶于水。链霉素干品的效能在室温中可保持1年以上。链霉素口服极少吸收，这是至今仍能作为饲料添加剂在某些国家使用的原因。

卡那霉素是梅泽氏从卡那霉素链霉菌K-2J菌株的培养液中获得的。本品有A,B,C 3种成分，常用的是硫酸盐。

新霉素发现于1949年，系以弗氏链霉菌的培养液中提取制成的。

越霉素A是由放线菌中产生的，为驱虫性抗生素，能使寄生虫的体壁、生殖器官壁、消化道管壁变薄，从而使虫体的活动力减弱排出体外，并阻碍雌虫子宫内卵的卵膜形成。

潮霉素B为另一种驱虫性抗生素，由吸水链霉菌产生，美国礼来公司1958年开发。为无定性粉末，易溶于水及有机溶剂。其抑制和杀灭寄生虫的机理有两个方面：阻止成虫排卵，破坏寄生虫的生活周期；阻止幼虫生长，使之不能成熟。

越霉素 A 和潮霉素 B 为动物专用抗生素，安全性很高，不与人用抗生素产生交叉耐药性，对动物无副作用，不在肠道吸收，在肉中无残留。不改变或增加饲料适口性，没有驱虫时的应激反应。

越霉素 A 和潮霉素 B 与其他抗生素的联合使用，有相互促进的作用。

(1)抗菌谱　链霉素、卡那霉素、新霉素主要对结核杆菌和布氏杆菌、巴氏杆菌、沙门氏菌、大肠杆菌、产气杆菌等革兰氏阴性菌有效，对大多数革兰氏阳性菌的作用不如青霉素，对梭菌、立克次氏体和病毒没有作用。其中链霉素与青霉素一样，其抗菌效能以单位表示，100 万单位的链霉素相当于 1 克。

越霉素 A 对猪蛔虫、猪鞭虫、猪类圆虫、猪肠结节虫、鸡蛔虫、鸡盲肠虫和鸡毛细线虫有效；潮霉素 B 除可有效地杀灭猪体内的蛔虫、鞭虫、结节虫及鸡体内的多种寄生虫外，对细菌也有抑制作用。

(2)使用情况　链霉素和卡那霉素仅限于治疗用药，我国不允许作为饲料添加剂使用。目前在饲料中允许使用的是新霉素。新霉素作为饲料添加剂进入动物消化道后吸收量较低，一般不超过总量的 3%，在碱性环境中抗菌作用强，故在动物肠道中有较好的抑菌作用。对链球菌、肺炎球菌、绿脓杆菌、巴氏杆菌以及结核杆菌也有一定效力，但对真菌、病毒、立克次体等无效。

建议饲料中添加量；禽类(鸡、火鸡、鸭)饲料，每吨添加 70～140 克；仔猪饲料，每吨添加 200～400 克，生长肥育猪饲料，每吨添加 70～140 克。禽类停药期，产蛋鸡、火鸡 14 天，肉鸡停药期 5 天。肉猪停药期为 30 天。

越霉素 A 和潮霉素 B 为世界各国批准生产和使用的 2 个驱虫性抗生素添加剂。美国和欧共体仅允许越霉素 A 做兽药，美国和东南亚国家已批准做饲料添加剂，用于 4 月龄以下的生长猪和肉鸡。屠宰前 3 天停药。添加量为每吨饲料 5～10 克（以有效价计）。我国尚无生产，已批准进口的越霉素 A 为 50％，5％或 2％的预混剂，商品名为“得利肥素”，淡黄色至黄褐色粉末，不应有发霉结块现象，其效价应为标示量的 85％～125％。

潮霉素 B 用于 50 千克以下的猪和产蛋期以前的母鸡，添加量为每吨饲料 10～13.2 克，猪在宰前 48 小时，鸡在屠宰前 3 天停药。美国、日本、澳大利亚已先后批准潮霉素 B 做饲料添加剂，我国尚未批准使用。

潮霉素 B 预混剂的商品名称为“高效素”，为黄白色至黄色小片或细粒，有特殊气味。

3. 大环内酯类抗生素　本类抗生素包括红霉素、泰乐菌素、北里霉素、竹桃霉素和螺旋霉素。

红霉素为美国礼来公司 1953 年发现。含有与大环内酯相连接的 2 个糖，微溶于水，易溶于有机溶剂，有琥珀酸酯、葡萄糖酸酯、乳糖酸酯、硬脂酸酯和硫氰酸盐等形式。红霉素毒性较低，易于在小肠吸收，细菌易对其产生抗药性，并与竹桃霉素有交叉耐药性。

泰乐菌素的结构与红霉素相似，由美国礼来公司 1955 年发现。呈弱碱性，与盐酸、硫酸、磷酸和酒石酸形成盐后易溶于水，理化性质也较稳定。实际应用时，常以磷酸泰乐菌素做饲料添加，酒石酸泰乐菌素做饮水剂。前者毒性小，安全性好，不易在肠道吸收，与金霉素、四环素、青霉素无交叉耐药性。金黄色葡萄球菌对红霉素和泰乐菌素交叉耐药，但不与其他大环内酯类抗生素发生交叉耐药。

北里霉素(又称吉他霉素)于1960年由日本北里研究所发现。为多种组分的混合物,其中以A1组分的抗菌活性最高,理化性质最稳定。北里霉素在肠道中吸收很快,并广泛分布于各组织器官中,但安全性高,残留少。

螺旋霉素首先由法国罗纳布朗克公司开发,由3种有机碱混合而成,白色至淡黄色结晶粉末,味苦,适口性差,饲料中以安宝维酸螺旋霉素的形式添加。螺旋霉素可在小肠中吸收,并长时间在体内滞留。

(1)抗菌谱　本类抗生素主要作用于革兰氏阳性菌,但不同品种间仍有差异。

红霉素为抑菌剂,其抗菌谱与青霉素G相似,主要对链球菌、葡萄球菌、猪丹毒杆菌、棒状杆菌、肺炎球菌、腐败梭菌、李氏杆菌等革兰氏阳性菌呈抑制作用。大部分革兰氏阴性菌对其不敏感。对钩端螺旋体、放线菌和立克次氏体也有作用。

泰乐菌素不仅对大部分革兰氏阳性菌有效,对某些革兰氏阴性菌和分枝杆菌也有作用,对禽支原体病(慢性呼吸道病)有特别的预防和治疗效果,但对猪支原体性肺炎(猪气喘病)仅有预防价值。

北里霉素、竹桃霉素和螺旋霉素的抗菌谱与红霉素相似。北里霉素对支原体的作用不如泰乐菌素,螺旋霉素对革兰氏阳性菌的抗菌效果在本类抗生素中最强,并可抑制许多原生动物。竹桃霉素对支原体也有效果,强度不如泰乐菌素,但对大型病毒有一定的作用。

(2)使用情况　本类抗生素中,目前我国以北里霉素在饲料中的使用最为广泛。

促生长添加量,建议每吨鸡饲料加5.5～11克,每吨猪饲料中添加5.5～55克。

防治疾病添加量，每吨鸡饲料加110～330克，每吨猪饲料加88～330克。连用5～7天。对鸡的停药期为屠宰前2天，产蛋期禁用。对猪的停药期为屠宰前3天。

日本允许泰乐菌素、螺旋霉素、北里霉素和竹桃霉素在饲料中使用。肉鸡中雏期饲料的用量分别为：泰乐菌素5～20毫克/千克，螺旋霉素5.6～11.1毫克/千克，北里霉素1～5毫克/千克，竹桃霉素4.4～22毫克/千克。肉鸡前期用量与肉鸡中雏期相同。哺乳仔猪用量分别为：泰乐菌素5～100毫克/千克，螺旋霉素5.6～100毫克/千克。在哺乳仔猪料中用最大量的泰乐菌素（88毫克/千克）不仅能达到促进生长的目的，还能预防哺乳期仔猪的多发性支原体肺炎。

4. 四环素类抗生素　该类抗生素中的金霉素、土霉素和四环素都是从链丝菌的培养液中提取的，为酸、碱两性化合物，略溶于水。常用其盐酸盐，稳定，易溶于水。与钙、镁、铁等金属离子形成稳定的络合物，这种络合阻止了四环素类抗生素在肠道的吸收。

四环素类抗生素毒性小，但大剂量和长期使用时可使消化道功能紊乱，包括直接刺激、重感染、维生素缺乏和肝脏损伤。口服后易于吸收，但改变肠道微生物的正常菌群，有可能导致有益微生物的减少，而对抗生素耐药的无益微生物却过度生长。变形杆菌、假单胞杆菌、产气杆菌、志贺氏菌、粪链球菌和许多葡萄球菌菌株等易对其产生耐药性。

（1）抗菌谱　本类抗生素为广谱抗生素，可呈现青霉素和链霉素的广泛抗菌谱，但对革兰氏阴性菌的作用不如革兰氏阳性菌强。3种抗生素间的抗菌效力并不完全一致，如金霉素对革兰氏阳性球菌，特别是葡萄球菌的作用较强。土霉素除对绿脓杆菌、梭状芽胞杆菌和立克次氏体的作用较佳外，对一般细菌则次于四环素。四环素对大肠杆菌和变形杆菌的作用稍好。

本类抗生素的作用机理在于抑制细菌蛋白质的合成，抑制细菌的生长繁殖，在较高温度下才有杀菌作用。

(2)使用情况　四环素类抗生素是历史上最早使用的抗生素添加剂，由于其抗菌谱很广，对畜禽呼吸系统疾病和阻碍生产性能的群饲家畜的细菌性腹泻非常有效，连续低浓度投药有很好的促生长效果，高浓度投药则可治病，有很广泛的用途。在美国，不仅将四环素用于猪、鸡和牛的饲料，还添加于火鸡、鹌鹑、鸭、马、羊、水貂及鱼的饲料中。使用目的除促进生长和防治疾病外，还用于促进产蛋和增加泌乳量。表 3-8 为美国四环素在鸡饲料中的添加量和使用目的。

最近，四环素类抗生素作为饲料添加剂在日本的使用受到限制，淘汰了四环素和盐酸土霉素。烷基三甲胺钙土霉素在雏鸡一中雏鸡饲料中的添加量被限制在 5～55 毫克/千克，在哺乳仔猪饲料中为 5～100 毫克/千克，在哺乳犊牛和小牛饲料中为 5～50 毫克/千克。金霉素在雏鸡—中雏鸡饲料中的添加量被限制在 10～55 毫克/千克，在哺乳仔猪饲料中为 10～100 毫克/千克，在哺乳犊牛和小牛饲料中为 10～50 毫克/千克。

欧共体已全部禁止这类抗生素做饲料添加剂。

在我国，因人医用临床上使用太多，怕长期添加产生耐药性而影响疗效，所以争议较大。目前，只批准土霉素钙盐和金霉素在饲料中使用。土霉素的添加量为：猪 7.5～50 毫克/千克，鸡 5～7.5 毫克/千克。并规定产蛋鸡禁用，屠宰前 7 天停药。金霉素用于促生长，鸡、鸭饲料每吨添加量 10～50 克，猪饲料每吨添加10～50克；用于治疗疾病，禽和猪饲料均可用到每吨添加50～200克。

表3-8　美国四环素在鸡饲料中的添加量和使用目的

添加量(克/吨)	使用目的
100～200	预防复合慢性呼吸系统病(气囊感染症，CRD)，通过降低死亡率和减轻病情来抑制CRD，控制支原体滑液囊感染症
200	预防应激状态下四环素敏感性病菌所致的疾病
50	预防鸡传染性肝炎，预防并控制鸡盲肠球虫病
200	连续给药，预防禽霍乱
100～200	增加孵化至上市的体重，改善饲料报酬
5～5.7	促进产蛋率的提高
10～15	延长产蛋高峰期，改善饲料报酬，提高受精率和产蛋量；改善患病和应激状态下的饲料报酬，提高并保持在移动、接种疫苗、淘汰、温度骤变和患寄生虫病等应激情况下的孵化率；提高感染四环素敏感性病菌的雏鸡的存活率，改善蛋壳质量
50～100 (0～2周龄)	预防幼龄期雏鸡因四环素敏感菌所致的死亡

说明：①在低钙日粮中(0.18%～0.55%)添加四环素时，不得超过5天

②不得给产蛋鸡饲喂四环素

③添加量在200克/吨时，应在宰前3天停药，添加量低于此浓度时，不必停药

5. 多肽类抗生素　本类抗生素包括杆菌肽、硫酸粘杆菌素、高秆菌素、恩拉霉素、维吉尼亚霉素、阿伏霉素和持久霉素。有多种氨基酸结合而成是本类抗生素结构上的共同特点。由于其毒性小，安全性高，在肠道不被吸收或吸收很少，

不易产生抗药性，不易与人用抗生素产生交叉耐药性，在动物产品中残留少，对环境无污染，具有作为饲料添加剂用抗生素的良好特性，所以在饲料中有广泛应用。

杆菌肽：有地衣型芽胞杆菌发酵制得，为不稳定多肽，含A，B 2个类型的多种组分，其中以A型为主，白色粉末，易溶于水，可与多种金属离子形成稳定的络合物。杆菌肽锌是杆菌肽与锌形成的络合物，含锌量为2%～12%，其商品性预混物为淡褐色至褐色粉末，有特殊气味，我国有生产，且产品质量高，A组分的含量可在90%以上。

硫酸粘杆菌素：又称抗敌素，由多粘杆菌变种、粘杆菌培养而成，是由粘杆菌素A和粘杆菌素B为主要成分的多肽类抗生素，其1微克效价相当于30单位。物理性状呈白色粉末，有吸湿性，易溶于水。商业用硫酸粘杆菌素为玉米淀粉制成的预混物，类白色粉末，有特殊气味，无霉变。

高秆霉菌：主要对革兰氏阳性菌表现抗菌力，除用于促进生长外，美国还以50～100毫克/千克的高浓度治疗猪红痢。在肉鸡饲料中添加20毫克/千克，不仅可以改善增重和饲料转化效率，还可抑制坏死性肠炎。

(1)抗菌谱　本类抗生素的抗菌谱各不相同。

杆菌肽锌对革兰氏阳性菌十分有效，对部分革兰氏阴性菌、螺旋体和放线菌也有效。

硫酸粘杆菌素对革兰氏阴性菌有强大的杀菌作用，它可治疗志贺氏痢疾杆菌、大肠杆菌、绿脓杆菌、沙门氏菌和普通变形杆菌引起的感染。在抗菌活性上，该抗生素有高度选择性，对革兰氏阴性菌的活性比阳性菌高10～100倍，但有使肾脏中毒的局限性，用量不能太高，而杆菌肽锌正好可弥补其缺陷，并加宽了其抗菌谱。杆菌肽锌和硫酸粘杆菌素有很好的协同作用，以固定的比例配合使用，可使优点更加突出。日本生产的“万能肥素”，即为5份杆菌肽锌加1份硫酸粘杆菌素的复合制剂。

(2)使用情况　自美国1960年批准杆菌肽锌在饲料中使用以来，发展很快，世界各国均已批准使用，目前已成为使用最广泛的抗生素之一。在美国还可用于产蛋鸡，预防细菌性腹泻时，可以50～500毫克/千克的高浓度添加。我国也允许使用。用于促生长和改善饲料利用率时，禽类饲料每吨添加量为4～50克，猪饲料每吨添加量为20～40克。

硫酸粘杆菌素为人畜共用抗生素，美国和欧洲尚未批准用作饲料添加剂，日本在猪、鸡和牛的饲料中均有使用。我国已于1989年批准在猪、鸡和牛的饲料中添加。用于促生长和改善饲料利用率时，禽类饲料和猪饲料每吨添加量为2～20克。停药期为宰前7天。

恩拉霉素又称安来霉素，目前只有我国和日本批准使用。用于促进生长和改善饲料利用率，每吨禽类饲料和猪饲料的添加量为3～6克。禁止与四环素、吉他霉素、杆菌肽、维吉尼亚霉素并用。

维吉尼亚霉素用作饲料药物添加剂，其低浓度(每吨猪饲料添加5～10克，每吨鸡饲料添加5～15克)用以促进猪、禽生长和改善饲料转化率；中等浓度(每吨猪饲料添加25克，每吨鸡饲料20克)可预防敏感菌所致的肠炎如产气荚膜梭菌引起的鸡坏死性肠炎及猪腹泻；高浓度(每吨猪饲料100克连续2周)能治疗猪泻痢。

阿伏霉素，只有欧洲和日本批准可在饲料中添加。欧共体国家的规定适用范围和饲料中添加量为：肉鸡5～7毫克/千克；4月龄以下猪10～40毫克/千克；6月龄以下猪5～20

毫克/千克;6月龄以内犊牛15～40毫克/千克;肉牛15～30毫克/千克。我国尚未批准使用。

持久霉素仅在日本被批准使用,肉鸡中的添加普及率已达到53%,仔猪中也已超过30%。在肉鸡饲料中添加持久霉素,以2～8毫克/千克的浓度单独使用,或与5～15毫克/千克的粘杆菌素并用,单独使用的情况占85%;仔猪饲料中一般不单独添加,而是与5～20毫克/千克的持久霉素与25毫克/千克的喹乙醇或5毫克/千克的粘杆菌素并用。

6. 多糖类抗生素　这类抗生素中,国外常用的有2种,大碳霉素和黄磷酯素(黄霉素),大碳霉素已被淘汰,黄磷酯素近年来在饲料中的使用率有增加的趋势(表3-9)。

表3-9　黄磷酯素在世界各国饲料中的允许添加量　(毫克/千克)

国家名称	添加量
美国	肉鸡1～2,产蛋鸡2
德国	肉鸡1～2,猪1～20,犊牛6～16,育肥牛2～5,产蛋鸡2～5,其他家禽1～20
英国	家禽20以下,猪50以下,犊牛6～16,肉牛5～10
法国	家禽0.5～20,猪1～20,犊牛6～16
意大利	家禽1～20,猪1～20,犊牛1～20
比利时	家禽0.5～20,猪1～25,犊牛6～16
西班牙	家禽2.5～4,猪1～20,犊牛8～16
奥地利	家禽2.5～4,猪1～20,犊牛8～16
瑞士	家禽2.5～4,猪1～20,犊牛8～16
芬兰	家禽2.5～4,猪1～20,犊牛8～16
南斯拉夫	家禽2.5～4,猪1～20,犊牛8～16
澳大利亚	家禽0.5～5,猪2～20,犊牛5～20,产蛋鸡2.5～5

黄磷酯素又称斑伯霉素、黄霉素。是灰绿链丝菌产生的抗生素，由德国赫斯特公司1965年开发成功，含以默诺霉素A为主要的4个组分，为无定形粉末，溶于水。该抗生素通过干扰细菌细胞壁的结构物质——肽聚糖的生物合成而发挥作用。黄磷酯素的抗菌谱较窄，主要对革兰氏阳性菌有效，对革兰氏阴性菌作用极微。对牛、猪、鸡、兔都有促进生长和提高饲料转化效率的作用。有试验表明，其对鸡的增重效果比杆菌肽锌和土霉素的效果好，但不适于14周龄以上的鸡。

黄磷酯素做饲料添加剂已有以下公认的优点：①安全性高，不存在药物残留问题，不必停药；②使用目的除促进生长和改善饲料转化效率外，可以杀灭仔猪和犊牛的R质体抗药性细菌；③与聚醚类抗生素并用可改善肉鸡皮肤颜色，调节胃肠功能，提高蛋鸡产蛋率及降低死亡率；④以高浓度添加于发育不良的仔猪饲料中，可加快上市前的增重速度，缓和因密集饲养造成的应激。

7. 聚醚类抗生素　聚醚类抗生素除用作鸡的抗球虫剂外，还广泛用作猪和牛的生长促进剂。

拉沙洛西钠：仅用于肉牛的增重。欧共体对此无规定。美国规定，该抗生素在使用前须认真稀释，充分搅拌与混合。用于改善圈养肉牛的增重和饲料报酬时，在饲料中以25～30毫克/千克添加，每天每头牛食入量不低于250毫克，不高于360毫克；用于液体饲料时，pH值应为4～8；用于绵羊固体饲料时，以20～30毫克/千克添加，每天每头羊食入量不低于15毫克，不高于70毫克。

莫能菌素钠：又称瘤胃素，有促进生长、提高饲料转化效率的作用，对肉牛特别是犊牛有明显的增重效果。其机制为：抑制瘤胃中某些微生物的生长与繁殖，增加瘤胃中丙酸含量，提高瘤胃微生物对粗纤维的利用能力(约 4.5%)。日本规定以 30 毫克/千克的剂量添加用于肥育期的肉牛饲料。欧共体规定用于肥育牛,添加量为 10～40 毫克/千克;用于犊牛补充料,每日食入量每 100 千克体重不超过 140 毫克,超过 100 千克体重时,每 10 千克体重增加 6 毫克。美国规定,仅用于屠宰前密集饲养的肉牛,并充分搅拌混匀。否则,会采食过量而中毒。用于肉牛全价料,5～30 毫克/千克,连续饲喂,每天每头食入量不低于 50 毫克,不高于 360 毫克,混入全价料后的保存时间不应超过 30 天;用于精料补充料,可添加至 25～400 毫克/千克,但只用于体重不超过 180 千克放牧的肥育牛和小母牛;用于密集圈养肉牛提高饲料转化效率时,还可与泰乐菌素混合使用,但要保证每头牛每天泰乐菌素的摄取量不超过 90 毫克。

盐霉素钠:盐霉素钠做生长促进剂在世界各国有很大不同。欧共体 1987 年批准盐霉素钠可用于猪的增重。饲料添加量:4 月龄以内的仔猪,30～60 毫克/千克;6 月龄以内的仔猪,15～30 毫克/千克。美国和欧洲各国都未批准其用于牛。日本 1985 年以前可用于猪饲料中,现在已停止使用,但可用于牛饲料中,且一般将盐霉素钠和莫能菌素联合添加于 6 月龄以后的肥育牛饲料中,用量为盐霉素 20 毫克/千克,莫能菌素 30 毫克/千克。

二、抗球虫剂

(一)概述 在兽医寄生虫分类学上,球虫类属原虫。其卵囊生命力很强,重量轻又易粘附,具有很高的传染性,对畜禽危害很大,目前尚无有效的疫苗,一旦暴发,即难以控制。

常用的抗球虫剂有聚醚类抗生素(莫能菌素钠、盐霉素钠、拉沙洛西钠、甲基盐霉素和马杜霉素铵盐)、磺胺类、吡啶酚类、喹诺酮类、硝苯酰胺类等。

(二)对抗球虫剂的使用规定 由于抗球虫剂使用中存在着与抗生素促进生长添加剂同样的问题,世界各国规定了抗球虫剂的适用范围、用法与用量及停药期。表3-10为我国批准使用的抗球虫剂在饲料中的添加情况。

表3-10 中国批准的抗球虫剂品种及使用规定 (1989年公布)

品种	适用动物		最低用量	最高用量	停药期(天)	注意事项
	种类	年龄上限	(克/吨配合饲料)			
氨丙啉	鸡	—	62.5	125	—	产蛋鸡禁用,维生素 B_1 大于10毫克/千克时明显拮抗
氨丙啉+乙氧酰胺苯甲酯(125:8)	鸡	—	62.5+4	125+8	—	同上
氨丙啉+乙氧酰胺苯甲酯(125:8)+磺胺喹噁啉(100:5:60)	鸡	—	—	125+5+608	7	同上
硝基二甲硫胺	鸡	—	—	62	3	同上
氯羟吡啶	鸡	16周	60.0	125	5	产蛋鸡禁用
尼卡巴嗪	鸡	—	100	125	4	产蛋鸡禁用,高温季节慎用

续表 3-10

品种	适用动物		最低用量	最高用量	停药期	注意事项
	种类	年龄上限	(克/吨配合饲料)		(天)	
尼卡巴嗪+乙氧酰胺苯甲酯(125:8)	鸡	—	—	125+8	5	产蛋鸡禁用,高温季节慎用,种鸡禁用
氢溴酸常山酮	鸡	—	—	3	5	产蛋鸡禁用
氯苯胍	鸡 兔	— —	30 50	36 66	5 5	产蛋鸡禁用
拉沙洛西钠	鸡	16周	75(7500万单位)	125(12500万单位)	3	产蛋鸡禁用,马属动物忌用,用后会致死
莫能霉素	鸡	16周	90(9000万单位)	110(11000万单位)	—	产蛋鸡禁用,马属动物忌用,用后会致死,禁止与泰乐菌素、竹桃霉素合用
盐霉素	鸡	—	50(5000万单位)	70(7000万单位)	—	产蛋鸡禁用,马属动物忌用,禁止与泰乐菌素、竹桃霉素合用

(三)抗球虫添加剂的特性

1. 聚醚类抗生素　为发酵产生的抗生素,比一般抗生素(如四环素类、螺旋霉素)的抗球虫活性高。目前在世界范围内使用的有:莫能菌素钠、盐霉素钠、拉沙洛西钠、甲基盐霉素和马杜霉素铵盐等5种，其中前3种应用最为普遍。

(1)莫能菌素　莫能菌素是由肉地桂链霉菌发酵产生的，1967年美国礼来公司开发成功，对危害鸡的艾美尔属的主要6种球虫：毒害艾美尔球虫、柔嫩艾美尔球虫、巨型艾美尔球虫、变位艾美尔球虫、波氏艾美尔球虫和堆型艾美尔球虫都有效，主要在球虫生活周期的最初2天发挥作用。莫能菌素安全性较好，但马属动物容易中毒。仅有毒害艾美尔球虫可产生耐药菌株，这是很大的优点。

商业用莫能霉素为预混剂，黄褐色粗粉，有特殊臭味。产品质量稳定，加入饲料中效价可保持3个月。

(2)盐霉素　又名沙利霉素，由白色链球菌发酵产生，日本科研制药株式会社1968年开发成功。对大多数革兰氏阳性菌有抑菌活性，对鸡的毒害艾美尔球虫、柔嫩艾美尔球虫、巨型艾美尔球虫、堆型艾美尔球虫和哈氏球虫都有效，最有效期在感染球虫的最初2天，即从子孢子期到滋养体原虫的形成期。盐霉素安全性较好，残留少。饲料添加量：日本规定为50毫克/千克，其他国家为50～70毫克/千克。

商业用盐霉素为大豆粉等的预混剂，为淡黄白色或淡黄色粉，有特殊气味。产品质量稳定，加入饲料中在40℃下保存4个月效价不变。

拉沙洛西钠又称拉沙里菌素钠，由瑞士罗氏公司1951年开发成功，对二价金属离子有亲和力，有很好的抗球虫效果。拉沙洛西钠在产品中有残留，但停药后消失快。鸡饲料中添加量一般为75～125毫克/千克。

拉沙洛西钠的预混剂为白色或类白色粉末，有特殊气味，加入饲料中在室温下保存2个月，活性可维持在90%以上。

2. 磺胺类抗球虫剂　磺胺类药为化学结构相似的一组

抗菌药，在兽医临床上常用的有磺胺嘧啶（SD）、磺胺甲基嘧啶（SM_1）、磺胺二甲嘧啶（SM_2）、磺胺喹噁啉（SQ）、磺胺甲氧嗪（SMP）、2-磺胺-5-甲氧嘧啶（SMD）、磺胺-6-甲氧嘧啶（SMM）和磺胺二甲氧嘧啶（SDM）等。其抗菌谱很广，能抑制大多数革兰氏阳性菌及一些阴性菌。链球菌、肺炎球菌、沙门氏菌、化脓棒状杆菌、大肠杆菌等对磺胺类药高度敏感。

磺胺药的促生长效果不明显，但与其他抗生素联合加入饲料中，可增加抑菌效果。

磺胺类药对防止球虫有一定的效果，且应用较早，至今在兽医上常用作预防或治疗的有磺胺二甲嘧啶、磺胺喹噁啉和磺胺二甲氧嘧啶。但由于易产生耐药性，长期低浓度添加于饲料中的预防效果又不如莫能菌素等新开发的抗球虫剂，所以许多国家已将其淘汰。不过，至今磺胺二甲嘧啶、磺胺喹噁啉在美国还用作鸡的抗球虫添加剂。在我国和日本，磺胺喹噁啉可用作鸡的抗球虫添加剂，但通常规定和氨丙啉、乙氧酰胺苯甲酯等混合使用，并规定了混合使用的比例。

3. 氨丙啉　以维生素 B_1 的中间体为原料进行化学合成而得，与维生素 B_1 有拮抗作用。当饲料中维生素 B_1 含量达 7.5 毫克/千克时，即有拮抗现象产生，10～20 毫克/千克时，抗球虫效果下降，20 毫克/千克以上则完全失效。本类抗球虫剂毒性小，使用普遍，但对鸡以外（包括雏鸡和火鸡）的动物无效。

氨丙啉由美国默克公司 1959 年开发成功。一般以盐酸盐的形式使用，对毒害艾美尔球虫有抑制作用，对其他球虫的作用不明显。氨丙啉在所用抗球虫剂中安全性最高，应用最广泛。在美国批准使用的抗球虫剂中，只有氨丙啉可用于蛋鸡。

由于氨丙啉仅对有限的几种球虫有效，所以目前使用最多的是将其与乙氧酰胺苯甲酯（又名衣巴索）制成二合剂，或与乙氧酰胺苯甲酯及磺胺喹噁啉制成三合剂使用，且有很好的效果。

4. 尼卡巴嗪　为使用较为广泛的抗球虫剂之一，由美国默克公司1955年开发，其抗球虫活性期为球虫生命周期的第二代裂殖子，主要对毒害艾美尔球虫、柔嫩艾美尔球虫、巨型艾美尔球虫、堆型艾美尔球虫和布氏艾美尔球虫有效。该药的优点为：对球虫的杀灭作用大于抑制作用，耐药性产生慢。用量大时会导致鸡的厌食是尼卡巴嗪的最大缺点，高温、高湿条件下还会使鸡产生"热应激反应"。因此，用药其间应给鸡以充分的饮水和良好的通风。

尼卡巴嗪规定饲料添加量一般为100～125毫克/千克。美国有公司生产尼卡巴嗪与乙氧酰胺苯甲酯的合剂（125：8），他们认为合剂可增加抗球虫效果。美国礼来公司还将尼卡巴嗪与甲基盐霉素依等重量混合制成商品名为"MAXIBAN"的抗球虫剂，合剂降低了单独使用时的毒副作用，安全性大大提高，但目前全世界仅有美国批准使用合剂。

第四节　用于改善饲料品质的饲料添加剂

一、饲用香味剂

（一）概述　香味剂是为增进动物食欲，掩盖饲料组分中的某些不愉快气味，增加动物喜爱的气味而在饲料中加入香料或调味诱食剂。

美国从1940年开始研究，于1946年成立了美国香味剂公司(FCA),组织研究、生产和销售饲用香料。美国饲料中使用的调味剂主要是谷氨酸钠,即味精,年用量1 000吨。其产品包括许多天然或合成香料及香精,如乳酸乙酯、乳酸丁酯、茴香油、槟榔籽油等。

日本从1963年开始使用饲料香料,并引进美国香味公司的产品。许多香料和饲料厂家以仔猪饲用香料为中心开展工作,现已能生产仔猪、犊牛、犬、猫和兔的饲用香料。其饲料法规规定的能够在饲料中使用的化学合成香料有:酯类、醚类、酮类、脂肪酸类、脂肪族高级醇类、脂肪族高级醛类、脂肪族高级碳水化合物类、酚醚类、芳香族醇类和内酯类等13类。

近年来,香味剂在我国饲料生产中已广泛使用,但产品种类尚少,主要用于仔猪。

(二)种类与应用情况

1. 鸡用香料　鸡是否有味觉,曾进行过一段时间的争论。后来研究证实鸡有味觉。鸡有能力识别加香料的水和不加香料的水,且能识别香料的浓度。但鸡的味觉细胞的数量比任何哺乳动物要少得多,因此,其对味觉的感觉能力比哺乳动物差。鸡的饲用香料很少,现在只有大蒜素、辣椒粉、胡椒粉等。国内有些厂家将仔猪香料用于鸡,这是很盲目的,应进行实验研究以决定在经济上是否合算。

2. 猪用香料　仔猪宜尽早开始应用人工乳进行饲养,最好能从出生后20天开始。猪的嗅觉敏锐,要用人工乳替代母乳需添加有母乳香味的饲用香料。现用的仔猪人工乳几乎都添加饲用香料,断奶后3周间随人工乳成分的改变,要逐步改变饲用香料。主要饲用香料是类似于母乳香味的乳味香料,随采食量增加应增添橘味或甜味香料剂。

3. 牛用香料　饲养犊牛希望尽早断奶并饲用代用乳。

但早期强制断奶往往因营养不足导致生长停滞或易感染疾病。通常从出生后的7～10天开始喂代用乳，添加有牛奶香味的乳味香料。到6～7周龄换成人工乳时，仍可以添加乳味香料为主并添加甜味香料。

4. 鱼用香料　鱼的饲用香料用于鳗、鲤、大马哈、狮鱼、虾等，不过饲料香料主要用于鳗鱼的幼鱼饲料。鱼的饲用香料具有贝类的风味，添加虾等的提炼物也有良好效果。

5. 伴侣动物的饲料香料　美国、欧洲、日本饲养伴侣动物的数量很多，它们对饲料香料的要求逐年增加，主要是犬，其次是猫。犬、猫饲用香料以肉味为主。有牛排味型、鸡味型、鱼味型、奶味型、干酪味型和奶油味型等。

二、饲用着色剂

（一）概述　着色剂是为提高动物产品的外观颜色和商品价值加入的色素制剂。着色剂多用于蛋鸡和肉鸡饲料中来增加蛋黄和肉鸡皮肤的颜色。目前欧洲共同体批准使用的饲用着色剂，包括欧共体允许的所有食用色素和类胡萝卜素与叶黄素。美国在蛋鸡和肉鸡饲料中添加橘黄、红、黄等3种颜色的食用着色剂。

（二）种类与应用情况　我国食品添加剂已批准使用的着色剂有苋菜红、胭脂红、柠檬黄、日落黄等，这些都可借用于饲料添加剂中。

目前，世界上应用最广泛的饲用着色剂是类胡萝卜素。自19世纪中叶已开始了对类胡萝卜素的研究，至今发现的类胡萝卜素已超过500种。类胡萝卜素除了使某些组织着色外，还有其他重要的生理作用。

禽的饲料色素主要来源于玉米、苜蓿和草粉，其中所含的类胡萝卜素主要为黄－橙色的叶黄素和玉米黄质，二者统称为胡萝卜素醇或叶黄素。饲料中的胡萝卜素醇含量因品种、收获点和时期而异。黄颜色主要取决于饲料中胡萝卜素醇的含量。世界各国对玉米中各种色素含量的分析结果差异很大，玉米黄质 5～21.6 毫克/千克，叶黄素 2.7～8.48 毫克/千克，胡萝卜素醇 10.8～28.4 毫克/千克。玉米面筋粉中玉米黄质 93～105 毫克/千克，胡萝卜素醇为 187～236 毫克/千克，叶黄素 93.8～131.0 毫克/千克；刺槐叶粉中含玉米黄素 117 毫克/千克左右，胡萝卜素醇 223 毫克/千克左右，叶黄素 46 毫克/千克左右。

在日本、美国和欧洲，作为饲料添加剂用的类胡萝卜素制品为β-阿扑胡萝卜素酸酯和橘黄色素两类，其使用历史已有 30 多年，在饲料中的添加浓度因各国消费者的爱好和饲料原料中色素含量的不同而异。以对卵黄爱好者为例，含橘黄色素 10％制剂的平均添加浓度，欧共体各国 5～45 毫克/千克，加拿大 5～10 毫克/千克，澳大利亚 10～20 毫克/千克，巴西 0～15 毫克/千克。

三、防腐防霉剂

（一）概述 饲料中含有大量的微生物，同时又含有微生物繁殖所需要的丰富的营养素，在高温、高湿的条件下，这些微生物易于繁殖而使饲料发生霉变。霉变的饲料不仅影响适口性，降低采食量，降低饲料的营养价值，而且霉变产生的毒素会引起畜禽，尤其是幼畜和幼禽的腹泻、呕吐、生长停滞，甚至死亡。因此，在多雨地区的夏季，应向饲料中添加防霉防腐剂。

在制作青贮饲料时，为防止霉变和腐败，也向其加入防霉防腐剂，以控制储存期内的 pH 值，抑制杂菌繁衍，同时增加乳酸和含糖量，以利于青贮料的发酵。

(二)种类与应用情况 现有商品化的防霉防腐剂，根据其性质和用途分为以下几类。

1. 丙酸及其盐 主要包括丙酸、丙酸钠和丙酸钙 3 种。丙酸主要用作青贮饲料的防腐剂，因其有强烈的臭味，影响饲料的适口性，所以一般不用于配合饲料。丙酸钠没有臭味，没有挥发性，防腐的持久性比丙酸要好，小部分用于青贮饲料，大部分用于配合饲料。丙酸钙也用作配合饲料的防腐剂，但效果不如丙酸钠。

丙酸及其盐类的防腐添加量，丙酸在青贮饲料中要求在3%以下，在配合饲料中要求在 0.3%以下。实际添加量往往要视具体情况而定。

2. 山梨酸和山梨酸钾 美国早期主要用山梨酸作为配合饲料的防霉剂。将 0.6%～10%的山梨酸溶解于 2～4 个碳原子的脂肪酸或其混合物中，用这样的溶液处理各种含水量高的谷物种子，包括高粱、亚麻、玉米、小麦及饲用鱼粉、骨粉、干血粉、羽毛粉、油菜籽等都取得了良好的抗真菌效果。由于山梨酸与山梨酸钾的价格较高，目前美国只将其用作观赏动物饲料的防霉防腐剂，而很少用在其他饲料中。

3. 苯甲酸和苯甲酸钠 苯甲酸又名安息香酸，可用作防霉防腐剂，但有一定的毒性，在饲料中的使用较少，用量要求不超过饲料总量的 0.1%。

4. 甲酸及其盐类 包括甲酸、甲酸钠和甲酸钙 3 种。甲酸又名蚁酸，有刺激性和腐蚀性。可用作青贮饲料的防霉防腐剂。但目前还没有制定关于甲酸及其盐类用作饲料防霉防腐剂的标准。

5. 对羟基苯甲酸酯类　包括对羟基苯甲酸乙酯、对羟基苯甲酸丙酯和对羟基苯甲酸丁酯3种，其对霉菌、酵母和细菌有广泛的抗菌作用。对霉菌和酵母的作用较强，但对细菌，特别是革兰氏阴性杆菌及乳酸菌的作用较差。总的来说，对羟基苯甲酸酯类的抗菌作用比苯甲酸和山梨酸强，毒性比苯甲酸低。

6. 柠檬酸和柠檬酸钠　柠檬酸是最重要的食品酸味剂，也是重要的饲用有机酸。在饲料中添加柠檬酸一方面可调节饲料及胃中的pH值，起到防腐和改善幼畜生产性能的作用，另一方面它还是抗氧化剂的增效剂。

7. 乳酸及其盐类　包括乳酸、乳酸钙和乳酸亚铁。乳酸是最重要的食品酸味剂和防腐剂之一，同时也是重要的饲用酸味剂。在饲料中添加乳酸、乳酸钙和乳酸亚铁作为防腐剂时，还有营养强化作用，因而也将乳酸盐列为矿物质添加剂。

8. 富马酸和富马酸二甲酯　富马酸又称延胡索酸，在饲料工业中主要用作酸化剂，对仔猪有很好的促生长作用，同时对饲料也有防霉防腐作用。富马酸二甲酯对微生物有广泛、高效的抑菌和杀菌作用，其特点是抗菌作用不受pH值的影响，并兼有杀虫活性，是国外近来开发的食品饲料防霉防腐剂。

第五节　绿色饲料添加剂

一、酶制剂

（一）概述　饲料中添加酶制剂可以起到以下作用。

第一，弥补幼畜和幼禽消化酶的不足。畜、禽对营养物质的消化是靠自身的消化酶和肠道中微生物的酶共同来实现的。畜禽在出生后相当长的一段时间内，分泌消化酶的功能不完全。各种应激，尤其是越来越早的断奶应激，造成消化酶活性的普遍下降。因此，在雏鸡、仔猪和犊牛日粮（尤其是代乳料）中加入一定量的外源性酶，可使消化道较早地获得消化功能，并对内源性酶进行调整，使之适应饲料的要求。

第二，提高饲料的利用率。畜、禽以谷物为主要的饲料来源，谷物中含有相当数量的非淀粉性多糖，而猪和家禽不能分泌消化这类多糖的酶。因此，在饲料中加入一定量的酶，可强化非淀粉多糖的降解，从而提高饲料的利用效率。一般来说，提高幅度可达 6%～8%，幼龄动物比成年动物提高的幅度大。

第三，减少动物体内矿物质的排泄量，从而减轻对环境的污染。

第四，增强幼畜对营养物质的吸收。在犊牛、仔猪的饲料中加入淀粉酶、蛋白酶可促进幼畜对葡萄糖和蛋白质的吸收。

（二）种类 目前，饲用酶制剂已近 20 种，主要的有木聚糖酶、β-葡聚糖酶、α-淀粉酶、蛋白质酶、纤维素酶、脂肪酶、果胶酶、混合酶和植酸酶。

1. *木聚糖酶和β-葡聚糖酶* 是最重要的两种酶制剂，其中木聚糖酶主要添加于小麦为主的饲料中，β-葡聚糖酶主要添加于大麦为主的饲料中。

2. *α-淀粉酶和蛋白质酶* 应用最广泛的中型蛋白酶是由米曲霉产生的，用小麦麸培养的微生物生产的酶制剂。除蛋白酶外，还同时产生几种淀粉酶和作用于植物细胞壁及脂肪的酶。而通过制作豆浆培养的微生物生产的酶制剂主要是碱性蛋白酶，但也含有中性蛋白酶和 α-淀粉酶。

这两种酶制剂常常添加到幼龄动物饲料中，哺乳仔猪饲料中添加 α-淀粉酶可提高淀粉的利用率，添加蛋白酶可提高植物性蛋白质（玉米、大豆粕中的蛋白质）的消化率。

3. 纤维素酶　饲料用纤维素酶制剂主要为 C_1 维生素酶，是由米霉或曲霉产生的。C_1 纤维素酶可破坏纤维素的结构，使其易于水化，并能将水化纤维素分解成低聚糖，然后在 β-葡聚糖苷酶的作用下生成葡萄糖。纤维素酶主要用于以大麦、小麦为主的饲料中。

4. 果胶酶　常添加于以大豆饼（粕）为主的饲料中。

5. 混合酶　是将淀粉酶、蛋白酶和脂肪酶按效价配合而成的混合酶制剂。随着单种酶制剂的发展及价格的降低，混合酶制剂的使用越来越少。

6. 植酸酶　磷是非常昂贵的资源，而谷物子实中的磷绝大部分以植酸磷的形式存在。猪、鸡对植酸磷中磷的利用率仅为 10%～20%，其余的以植酸磷的形式排出体外。这不仅浪费了有限的磷资源，而且随粪便排出的植酸磷造成环境的污染，后者更为重要，已引起了许多国家的极大关注。

植酸酶的主要作用是分解饲料中的植酸及植酸盐类，促使单胃动物充分利用磷、钙、锌、镁等矿物元素及蛋白质和氨基酸等营养元素，减少磷等矿物质排泄对环境造成的污染。

（三）酶制剂的使用　酶制剂的用量视酶的活性大小而定，难以像其他添加物用百分比来表示。所谓酶的活性，是指在一定的条件下，1 分钟分解有关物质的能力。不同厂家生产的酶活性不同，所以添加量应以实际情况而定。

二、益生素

（一）概述　益生素的主要作用是通过消化道微生物的竞

争性排斥作用，帮助动物建立有利于自身的肠道微生物区系，预防腹泻和促进生长。虽然应用抗生素也能达到同样目的，但由于动物对抗生素的耐药性及其在产品中的残留问题，使益生素越来越受到人们的重视。虽然对益生素已有许多认识，但至今还没有确切定义。目前比较公认的定义为：通过改善小肠微生物平衡而产生有利于畜主动物的活的微生物饲料添加剂。

目前，已开发出许多益生素，商业应用也很多。应用时应注意选择。一般来说，选择益生素时，应注意5个特点：①具有良好的附着于肠道上皮细胞的特性；②生长繁殖速度快；③对肠道内的抑制素具有抵抗力；④能产生抗菌性物质；⑤适合相应的生产加工方法，以保证具有较强的活力。

(二)商业用益生素简介　目前，配合饲料中使用的活性微生物制剂主要有：乳酸菌(尤指嗜酸性乳酸菌)、粪链球菌、芽胞属杆菌、酵母(尤其是酿酒酵母)。其中乳酸菌和粪链球菌是肠道中原来就大量生存的，而芽胞杆菌属杆菌和酵母在肠道微生物群落中是散在分布的。传统的饲用活性益生素制剂乳酸菌比较脆弱，常常经不起常规饲料加工过程中的温度和压力，而某些芽胞杆菌属杆菌孢子的耐受性则强得多。但对于芽胞杆菌属杆菌饲料添加剂的作用机理至今还不十分清楚。据现有的资料可以认为，芽胞杆菌属杆菌可引起一系列的生化变化以及肠道微生物区系组成的变化，包括乳酸菌数量的增加、大肠杆菌数量的减少和有机酸含量的增加。这些变化对加强肠道微生物区系的抗感染能力很有益。许多研究还表明，芽胞杆菌属杆菌具备很多酶的活性，可以使一些饲粮成分，如蛋白质、脂肪及植物性碳水化合物的消化率升高。

一些研究证明，芽胞杆菌属杆菌类添加剂可使体内氨含量下降。大多数情况下,添加芽胞杆菌属杆菌制剂(单独或与其他添加剂同时使用)可使猪的增重速度明显提高,饲料转化效率也有改善。还有一些证据认为,芽胞杆菌属杆菌能降低仔猪腹泻的发生率。迄今为止,还没有日粮中添加芽胞杆菌属杆菌会导致有害作用的报道。

现在,益生素还没有遇到与抗生素和其他饲料添加剂相同的立法问题。但欧共体已倡议对饲用微生物添加剂实行严格的管理,目的是将微生物添加剂单独列项或将其归入现有的饲料添加剂中去。

为通过常规安全性检查来鉴定"通常认为是安全性的"(GRAS)微生物,美国食品药物管理局和美国饲料管理协会制定了一个微生物种类的清单,属于 GRAS 的微生物可以用于美国的配合饲料中,1989 年的清单中共有 40 多种这类微生物。现将其列于表 3-11,以供参考。

表 3-11　美国食品药物管理局和美国饲料管理协会认为是安全的微生物

序　号	饲用微生物名称	序　号	饲用微生物名称
1	黑曲霉	21	青春双歧杆菌
2	米曲霉	22	动物双歧杆菌
3	凝固芽胞杆菌	23	嗜酸乳杆菌
4	粘连芽胞杆菌	24	长双歧杆菌
5	地衣形芽胞杆菌	25	嗜热性双歧杆菌
6	短小芽胞杆菌	26	干酪乳杆菌
7	枯草杆菌	27	短乳杆菌
8	厌气性拟杆菌	28	保加利亚乳杆菌
9	纤维二糖乳杆菌	29	费氏丙酸菌
10	弯曲乳杆菌	30	啤酒片球菌
11	发酵乳杆菌	31	戊糖片球菌
12	戴耳不吕克氏乳杆菌	32	乳酸链球菌
13	乳酸乳杆菌	33	谢曼氏乳酸链球菌
14	胚芽乳杆菌	34	酿酒酵母
15	罗特氏乳杆菌	35	乳酸片球菌
16	肠系膜明串球菌	36	二乙酰乳酸链球菌
17	猪拟杆菌	37	粪链球菌
18	毛状拟杆菌	38	中间链球菌
19	瘤胃拟杆菌	39	乳链球菌
20	婴儿双歧杆菌	40	嗜热链球菌

第四章　配合饲料生产过程的质量控制

第一节　配合饲料的生产工艺流程

一、饲料加工基本工艺类型

饲料加工基本工艺类型常用的有 3 种：先粉碎后配料工艺，先配料后粉碎工艺，先粉碎后配料再微粉碎工艺，其工艺流程及特点介绍如下。

(一)先粉碎后配料工艺　先粉碎后混合的生产工艺是我国多数配合饲料厂采用的生产工艺(图 4-1)。该工艺中，需粉碎的原料先单独储存，粉碎至合格粒度后再进行配料混合。生产工艺流程如下：

原料接收→清理除杂→粉碎→配料→混合→压制颗粒→筛分→成品包装

1. *该工艺的优点*　①粉碎机连续粉碎，负荷稳定，运转指数高，且喂料和控制系统都比较简单；②由于配料仓起缓冲作用，粉碎工段对产品的产出没有直接影响，粉碎机短时间的维修保养不会马上影响生产；③这种工艺安排，可以使粉碎和后续工段不必同时进行，在电力紧张的地方，可以安排在夜间粉碎，使用较便宜的电力。

2. *该工艺的主要缺点*　料仓较多，投资成本增加。粉碎原料品种较多时，操作控制较难，而且由于各种原料的物理性能有很大的区别，当原料频繁变化时，对粉碎机的粉碎性能和控制都产生不利的影响。

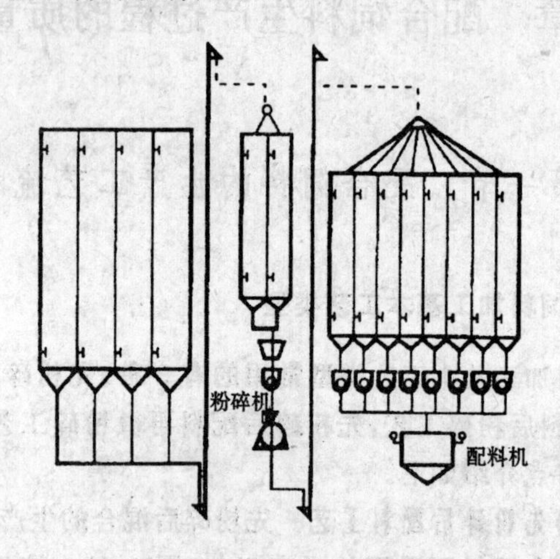

图 4-1 先粉碎后配料工艺

(二)先配料后粉碎工艺 先配料后粉碎的生产工艺，目前我国只有少数厂家采用(图 4-2)。该工艺中，各种主要配料原料是先经清理、配料后再进行粉碎、混合。生产工艺流程是：

原料接收→清理除杂→配料→粉碎→混合→压制颗粒→筛分→成品包装

1. 该工艺的优点

第一，节约成本。多种原料一起粉碎比单一物料容易，尤其是高脂肪组分。因此，粉碎单位重量物料总的能源消耗较低，节约成本。

第二，粉碎已是整个饲料加工自动程序的一部分，可简化粉碎操作，控制简单，不需要另外操作粉碎机。

第三，没有粉碎过的颗粒原料流动性好。因此，配料仓的排料流畅，不易结拱。

第四，可减少部分料仓，需要的仓容较小。因此，一次性投资较少。

第五，粉碎后的物料粒度比较均匀。

第六，粉碎过程适应性强，可根据需要对每一批料的粒度都可以调整，这一点对生产不同种类饲料的饲料厂来说是非常重要的。例如，蛋鸡需要较粗的饲料，肉鸡需要较细的饲料，而鱼需要更细的饲料。

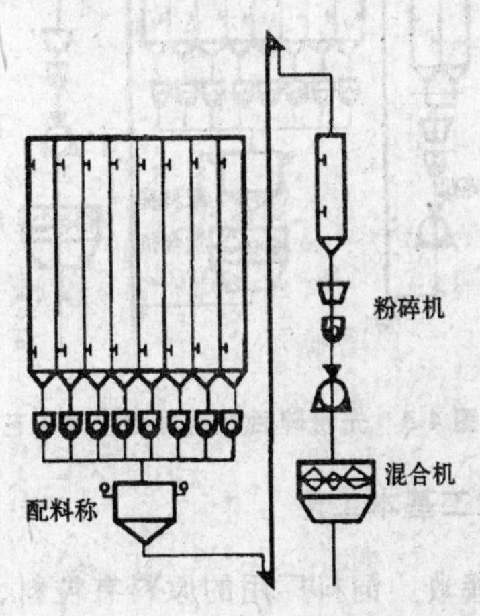

图 4-2　先配料后粉碎工艺

2. 该工艺的主要缺点　粉碎机因配料为分批作业而有周期性的空载时间，同时粉碎作业处于配料和混合之间，一旦粉碎机运行发生故障，将会造成前后工段的停产，还会出现部分过度粉碎现象，增加粉碎成本。但这些问题可以通过增加待粉碎仓、配料后分级筛、粉料绕过粉碎机等工艺措施解决。

(三)先粉碎后配料再微粉碎工艺　对于水产动物饲料厂

或兼生产水产饲料的生产线，往往需要设置微粉碎工段，来满足水产动物饲料的粒度要求(图 4-3)。这种工艺可以保证水产类饲料产品的粉碎粒度的均匀性，同时具有先配料后粉碎工艺的一些优点。

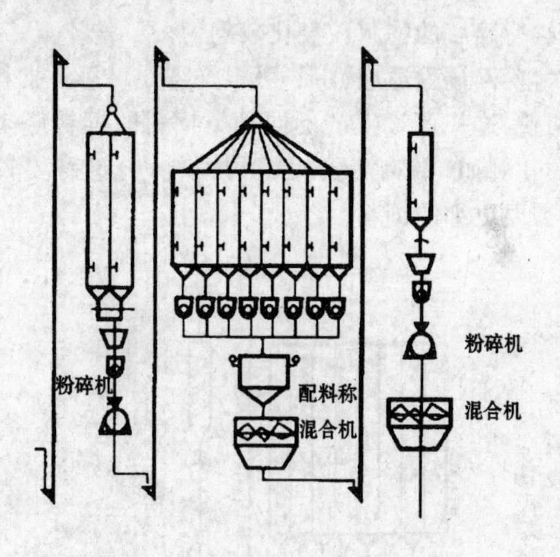

图 4-3　先粉碎后配料再微粉碎工艺

二、饲料加工基本工艺

(一)原料接收　饲料厂用的原料有粒料、粉料、饼料、液态原料等。接收工序包括这些原料的检验、输送、计量、初清、干燥及贮存。不同形态的原料应采用相适应的接收方式和设备。粒料、粉料、饼料、以库存为接收方式，液态原料以罐装贮存，接收工序的生产能力必须保证生产车间的稳定生产。

(二)原料清理　饲料原料中可能含有多种杂质如麻绳、木块、泥块、砖块、杂草、磁性杂质如铁钉、螺母等。这些杂质混在饲料中会影响饲料质量和设备安全生产，必须予以清除。

不同形态的原料采用的清理工艺有所不同,根据原料杂质大小、比重差异用筛选法分离杂质;根据原料杂质导磁不同,用磁选法去除铁杂;根据原料悬浮液速度不同,吸风除尘;固态(粉、粒状)原料的清理基本由筛选和磁选两道设备配除尘组成,液态原料通常在管路中设过滤装置进行清理。

(三)原料粉碎 粉碎是利用撞击、剪切或摩擦等作用减小饲料颗粒粒度的工艺过程。粉碎工序的主要作业设备是普通锤片式粉碎机、微粉碎机,同时还有供料仓、料仓料位器、喂料器、磁选设备,粉碎料分级筛和输送设备等辅助设备。此外亦有采用辊式粉碎机和锤片粉碎机组成二次粉碎工艺的。

(四)配料 配料是根据饲料配方规定的配比,将多种原料分别称量计量,配合成为一种非均匀混合料的工艺过程。配料工序必须保证各配料组分的精确计量,否则,便不能保证产品质量。配料工序的主要作业设备是计量秤(或容积式计量器),还有配料仓、配料仓上下仓料位器、喂料器及其他附属设备。配料分为单组分配料秤和多组分配料秤,前者一批只能称一种原料,后者可称多种原料。目前普遍使用的配料秤都是间歇式工作的。

(五)混合 混合是用混合设备将配料工序配成的非均匀混合料混合成为均匀混合料的工艺过程。所谓均匀混合料即饲料中各种成分在标准单位重量(即动物日采食量)中配比正确。混合工序是保证饲料成品均匀度的关键工序。混合工序的作业设备是混合机。混合机可分为间歇式作业和连续式作业两种。由于连续式混合机的混合时间短,纵向混合能力差,所以混合性能不如间歇式作业混合机。对于某些微量添加剂如维生素、氨基酸、微量元素、药物、抗生素、生长促进剂等,由于其用量极小,对操作条件、精度以及环境要求较高,常常需设置预混合工序，即先将这些微量成分与载体或稀释剂定量混合，降低其浓度，以便于在主混合工序中能混合均匀。

（六）制粒 分一般配合饲料制粒和配合饲料挤压膨化。一般配合饲料制粒是将粉状配合饲料用热蒸汽熟化，并用制粒机压制成颗粒，再经冷却干燥、碎粒、筛选，得到合乎质量要求的颗粒饲料的工艺过程。配合饲料制粒的优越性在于增加动物采食量，保证饲料的全价性，提高饲料转化率，还可以减少饲料浪费，便于机械化饲养和运输。颗粒饲料主要适合于饲喂肥育猪、鸡、鸭、鱼等动物。制粒工序的主要作业设备是去磁设备、制粒机上仓、蒸汽供应锅炉、制粒机、冷却器、颗粒破碎机、颗粒分级筛及输送设备等。挤压膨化是将粉状配合饲料先在调质器中加蒸汽或热水加热调质，然后送入螺旋挤压腔中以高压挤出模孔膨化，再经冷却、表面涂脂、筛选，制成合乎质量要求的膨化颗粒的工艺过程。膨化颗粒饲料除具有颗粒饲料的一般特点外，其突出的优点是容重小，淀粉糊化度高，能浮于水面一定时间，所以较多地用于鱼饲料和玩赏动物饲料。挤压膨化工序的主要作业设备是挤压膨化机，此外还有干燥冷却机、颗粒分级筛、表面涂脂器、料仓及输送设备等。

（七）膨化 是将具有一定含水量的粉状饲料原料（通常为谷物粒料或其淀粉）送入膨化机内，经过混合、调质、升温增压熟化、挤出模孔和骤然降压过程制得的一种膨松多孔状的颗粒饲料。一般经过膨化成形、切割成粒段、干燥、喷涂糖蜜或油脂及其他营养素以及冷却等工序。膨化机分为单螺杆式和双螺杆式，常配有喂料器、调质器、挤压腔体、成形模板、切刀，后续设有干燥冷却器、分级筛、涂脂机等设备。饲料经膨化后，熟化度高于硬颗粒饲料，膨化饲料主要应用于水产类动物及玩赏类动物饲料的生产。

（八）液体添加 为了增加饲料的能量、提高适口性或是满足生产过程的要求，提高混合效果，减少粉尘，提高制粒效果和产量，在配合饲料中常加入脂肪和糖蜜。这类液体饲料的接收、贮存和添加需要专用的设备，主要有含有加热功能的贮罐、过滤器、输送管道、阀门、压力仪表、泵及喷添装置。液体饲料的添加常在混合机内（1%～2%）和制粒机的调质室内（3%～5%）进行，此外还可在颗粒饲料成品表面涂脂（1%～3%），涂脂器常设在制粒工艺中冷却器或颗粒分级筛之后。

（九）成品处理 饲料厂的成品处理主要包括成品的输送、包装、贮存、散装和包装发放。目前国内饲料成品主要是包装。成品处理工序的主要设施有粉、颗粒料成品仓、计量秤、打包机、缝包机、散装发放仓、包装成品库及输送设备。

第二节 配合饲料生产过程的质量控制

配合饲料的加工是保证产品性能和降低成本的关键所在。一套先进的加工设备和优良的加工工艺，不仅可以省去大量的人力和物力，而且能获得质量优良的产品。配合饲料的加工与动物营养有着密切关系，优质的饲料产品要靠科学的配方设计和科学的加工制造共同实现，而监控加工过程中各个工艺环节的质量，对配合饲料产品质量具有举足轻重的作用。

一、原料清理

此项工序的设置是为了保证饲料厂安全生产和产品质量。饲料原料清理的目的不同于食品行业或粮油加工行业，除了保证产品纯度外，饲料清理更重要的作用在于保证加工设备的正常运转，通过降低能耗，来降低饲料成本。清理主要是将原料或副料中的大杂及铁质除去。

清理的标准是：有机物杂质不得超过 0.2 克/千克，直径不大于 10 毫米；磁性杂质不得超过 50 毫克/千克，直径不大于 2 毫米。为了确保安全，在投料口上应配置初清筛，一般是配置 50 毫米×50 毫米左右孔眼的栅筛以清除大杂质。

在车间生产工艺中专设清理工艺，注意在原料粉碎前和制粒前一定要对铁杂质进行一次清理，以保证粉碎机和制粒机的安全。要经常检查清理设备和磁选设备的工作状况，看有无筛网破损及堵孔等情况，并及时清除磁选设备内的磁性杂质。

二、原料粉碎

饲料的最适粉碎粒度是指使饲养动物对饲料具有最大利用率或最佳生产性能且不影响动物的健康，经济上又合算的几何平均粒度。粒度因不同动物品种、不同的饲养阶段、不同的原料组成、不同的调质熟化和成型方式而不同。粉碎过程主要控制原料粉碎粒度，以达到提高饲料消化吸收率、保证混合均匀度的目的。一般配合饲料粉碎粒度标准见表 4-1。

粉碎工段在饲料厂内属于动力消耗最大的设备之一，粉碎成本占饲料加工成本的很大部分。因此，降低本项成本可明显提高经济效益。

第一，要控制粉碎系统的设备投资额。这一点的关键是在可能的投资内充分考虑粉碎工艺与设备技术的先进性和实用性，能满足加工不同产品的灵活性要求，追求在长期运行中的低成本和设计寿命中的最大收益。必要时在设计时考虑未来技术改进的余地。例如，采用立轴粉碎机或高效卧轴粉碎机并配以有效的吸风系统；采用循环粉碎或粉碎→分级→粉碎的二次粉碎工艺。

第二，控制设备易损件的成本。粉碎系统的易损件主要有锤片、筛片、销轴，我们要通过使用不同厂家的各种产品来找到最经济的易损件生产厂家。

第三，控制操作维护成本。通过设备的规范化操作来降低该项成本。

操作规程要求：生产中粉碎机宜空载起动，以免起动电流过大，烧毁电机；生产前检查筛网有无漏洞、漏缝、错位等，检查喂料器上方磁板上的金属杂质是否去除干净，防止落入粉碎机；进入粉碎机的物料要求均匀，防止冲料，设喂料器；定期检查锤片磨损程度；随时注意观察粉碎机的粉碎能力和粉碎机排出物料的粒度。

表 4-1　配合饲料粉碎粒度标准

饲料种类	粉碎粒度
仔猪、生长肥育猪（20～90 千克），奶牛，肉用仔鸡（前期 4 周龄），生长鸡（0～6 周龄），生长鸭（1～8 周龄），肉用鸭前期	全部通过孔径为 2.5 毫米的圆孔筛，孔径 1.5 毫米圆孔筛的筛上物留存率不得多于 15%
产蛋鸡（开产 5%后）、生长鸡（7～20 周龄），生长鸭（9～20 周）、产蛋鸭、种鸭、肉用鸭后期	全部通过孔径为 3.5 毫米的圆孔筛，孔径 2.0 毫米圆孔筛的筛上物留存率不得多于 15%

三、配　料

配料的准确与否，对饲料质量关系重大，操作人员必须严格按配方执行。

该项工序是饲料生产的核心，配料精度的高低直接影响到饲料产品中各组分的含量，对畜禽的生长和生产影响极大，其控制要点如下。

第一,选派责任心强的专职人员把关。每次配料要有记录,严格操作规程,搞好交接班。

第二,保证配料设备的精确性。配合饲料的配料秤精度应达到1/500～1/1 000(静态),预混料中的微量成分配料秤精度应达到1/1 000～3/1 000(静态)。对配料秤要定期校验,称药物的秤每天要检查1次。操作时一旦发现问题,应及时检查。配料的准确与否,对饲料质量关系重大,操作人员必须严格按配方执行。目前大中型饲料厂基本上都采用微机控制的电子秤配料,可完全满足生产配合饲料的要求。

第三,对配料量大小不一的各种组分要分别选用大、中、小各宜的配料秤,以确保配料准确性。配料时为了减少"空中量"对配料精度的影响,容重比较大的应该用小直径(或低转速)的配料搅龙给料。配料顺序上应先配大料,后配小料。配料时要尽量考虑到向秤斗对称下料,以免过分偏载影响电子秤的精度。电子秤的精度要定期校验。

第四,做好对配料设备的维修和保养。每次换料时,要对配料设备进行认真清洗,防止交叉污染。

第五,加强对微量元素添加剂、维生素预混料尤其是药物添加剂的管理,要明确标记,单独存放。

第六,人工称量配料时,尤其是预混料的配料,要有正确的称量顺序,并进行必要的投料前复核称量。在工艺设计和设备选用上,进配料仓的料最好用旋转式分配器输送。因为搅龙中会有残留,甚至会发生窜仓而增加配料误差。

四、混 合

混合是保证饲料产品质量的主要因素。混合过程是利用外力作用，将按配方配合好的各种原料互相掺合，使各原料之间均匀分布的过程。为保证混合质量，一般配合饲料的生产过程中混合部分分 2 个阶段完成。预混合，将配方中量小的微量元素预先与载体混合，在不影响微量元素均匀分布的前提下，缩短了混合周期。最后混合，主车间按配方要求将所有原料准确计量后放入混合机混合，制成全价配合饲料成品的过程。国家标准规定：混合质量的标准以混合均匀度变异系数(CV)衡量；一般配合饲料、浓缩料 CV≤10%，预混合料 CV≤5%。生产过程控制要点如下。

(一)选择适宜的混合机 近年来混合机发展较快，已经达到了比较完善的阶段。主要混合机型有单、双轴桨叶式高效混合机，螺带式、卧式混合机及悬臂式双螺旋锥形立式混合机等。混合机选择的基本条件主要有：混合均匀度、混合时间、残留量等几项因素。近年来桨叶式混合机的性能有了很大提高，该机型混合速度快，仅需 2～3 分钟，混合均匀度变异系数(CV)<3%。双轴桨叶式混合机则更为突出，是现代饲料厂优选的机型。

(二)进料顺序与装料量 在进料顺序上，一般量大的组分先加或大部分(80%)加入机内后，再将少量(20%)或微量组分置于物料上面。粒度大的物料先加，粒度小的后加，比重小的物料先加。比重大的后加，以保证混合质量。

不论对于哪种类型的混合机，适宜的装料情况对保证混合机正常工作，达到较高的混合质量十分重要。如卧式螺带混合机的充满系数，一般 0.6～0.8 较为适宜。

(三)混合时间 混合时间不宜过短，但也不宜过长。时间过短，物料在混合机中没有得到充分混合，影响混合质量，时间过长，会使物料过度混合而造成分离，同样影响质量，一般配合饲料卧式混合机混合时间为 6 分钟，立式混合机为 15～30 分钟。

(四)注意事项

第一，更换饲料配方时，要对前一批次的残留彻底清理，以防止交叉污染。尤其是对预混合饲料的生产更为重要。

第二，预混合作业要与主混合作业分开，以防止交叉污染。应尽量减少混合成品的输送距离，尽量避免用风力输送，以防止饲料分离。对于预混合饲料混合好后，应直接装袋。

第三，对于有液体添加的混合机，应注意液体在混合机内喷洒的均匀性，避免饲料的成团现象。

五、制　粒

颗粒饲料生产率的高低和质量的好坏，除与成形设备性能有关外，很大程度上取决于原料成形性能和调质工艺。

混合后的粉状饲料经过制粒以后，饲料的营养及食用品质等各方面都得到了不同程度的改善和提高，因此引起了广大养殖户的青睐。制粒不仅适用于畜禽饲料，更适合于水产及特种饲料。传统的制粒工序可分为制粒、冷却、破碎和筛分等 4 道工序。

(一)调质制粒工序

调质是制粒过程中最重要的环节，调质的好坏直接决定着颗粒饲料的质量。调质促进了淀粉的糊化、蛋白质变性，既提高了饲料的营养价值，又改良了物料的制粒性能，从而改进了颗粒产品的加工质量。水分、温度和时间是淀粉糊化的三要素。调质使原料和蒸汽接触，从而随着调质条件，淀粉糊化的程度增加。淀粉糊化后，从原有的粉粒状变为凝胶状。未糊化的生淀粉像沙粒一样在通过模孔时产生较大的阻力，减少了压粒产量，消耗较多制粒能量，并影响压模的工作寿命。调质后的淀粉得到了较充分的糊化，凝胶状的糊化淀粉在通过模孔时起着润滑作用，将各组分粘结在一起，使产品紧密结实。要求提供干饱和蒸汽，锅炉蒸汽压力应达到 0.8 兆帕，输送到调质器之前，蒸汽压力调节到 0.21～0.4 兆帕。调质后饲料的水分在 15.5%～17%，温度 80℃～85℃。

(二)调质时间 调质时间直接影响物料的调质效果，一般不应低于 20 秒，适当延长时间可提高调质效果。

(三)压粒 配方原料不同，选用不同厚度的压模，对热敏度高的原料(如乳清粉)、淀粉及无机盐含量高的饲料，应选用较薄型压模，而油脂、纤维物质含量高的饲料，宜选用较厚型的压模。压模与压辊的间隙在 0.2～0.5 毫米之间，并注意随时调整，不同产品需要不同的间隙。更换新环模时，必须对内孔进行研磨后方可使用。

(四)冷却工艺 刚出压模的颗粒为高温、高湿的可塑体，容易变形、破碎，应立即进行干燥冷却，降低温度、水分，使其硬化，以便于贮藏、运输。目前饲料厂常用的冷却器是逆流式冷却器，该机具有良好的冷却效果，能提高冷却质量，降低成本。

(五)破碎工艺 颗粒饲料的破碎可节约动力消耗，增加产量，降低成本，提高畜禽的消化吸收率。

(六)筛分工艺 颗粒饲料经破碎工艺处理后，会产生一部分粉末等不符合要求的物料。因此，破碎后的颗粒饲料需要筛分成颗粒整齐、大小均匀的产品。对于不符合产品质量的物料，要重新制粒或是重新破碎，以保证最终产品质量。

六、包　装

检查包装秤的工作是否正常，其设定重量应与包装要求重量一致。核查被包装的饲料和包装袋及标签是否正确无误，要保证缝包质量，不能漏缝和掉线。

七、配合饲料贮藏的成本与质量控制

(一)营养物质损耗　饲料贮藏不当，可能会受到高温和日光的影响，加速饲料的氧化，使得多种氨基酸、维生素及脂肪氧化分解。而且，饲料中原有的多种消化酶在温、湿度适宜时会活化发挥作用，消耗饲料的营养成分，如硫胺酶可分解饲料中的维生素 B_1 等。因此，饲料应置于遮光、阴凉、通风、干燥处，尽可能不散放，要密闭封装保存。

(二)成品料的贮存时间不宜过长　成品料贮存时间过长会造成某些物质失效或产生有毒有害物质。如维生素添加剂往往由于贮藏时间过长而被氧化破坏，或者与一些微量元素添加剂混合贮藏，致使其效价降低，尤其是铁对维生素 A、维生素 D、维生素 E 及维生素 B_{12} 的氧化破坏作用最为明显。因此，要注意将这些成品分别包装和贮存，防止产品的效价降低。

(三)防止脂肪的变性　脂肪含不饱和脂肪酸愈多，其硬度愈小，熔点也愈低，如豆油、棉籽油等植物油均属此类。这类脂肪容易受到空气中氧气的作用而氧化酸败，从而影响了饲料的品质。因此，在饲料贮存及加工中应注意防止脂肪变性。

八、配合饲料的安全与卫生

（一）防止饲料被霉菌和农药污染 饲料被霉菌污染的机会很多，当饲料中的温度和湿度适宜时，饲料中就会大量繁殖霉菌，使饲料霉烂变质。许多霉菌还能分泌毒素，这不仅降低了饲料的营养价值，而且还能造成畜、禽中毒。如黄曲霉毒素（AFT）中 B_1 的毒性比剧毒的氰化物强 10 倍左右，比砒霜强 68 倍。农药为现代农业的发展起了很大的积极作用，但是它残留在植物体内外的微量成分及其代谢物，又直接影响了植物性饲料的安全卫生，最终有可能影响饲料产品的质量，所以加强饲料原料的质量管理不容忽视。

（二）饲料原料本身有毒有害物质的控制 自然界的许多饲料本身就含有对动物有毒或有害的成分。如棉籽饼中的游离棉酚易被肠道吸收，大量积累可损害肝细胞、心肌和骨胳肌等；菜籽饼中含有一定量的硫葡萄糖苷，水解后的产物作用于甲状腺，会形成甲状腺肿。因此，对于自身有毒的饲料在配合前一定要经过去毒处理，以免造成不必要的经济损失。

总之，只要饲料厂的工艺流程和设备选用合理，管理上严格要求，操作上遵守规程，即可保证饲料的加工质量。

第五章 配合饲料产品的质量控制

第一节 各种饲料产品的国家标准

一、仔猪、生长肥育猪配合饲料

(一)说明 本标准适用于加工、销售、调拨、出口的仔猪、生长肥育猪的配合饲料。

(二)技术要求

1. 感官指标 仔猪、生长肥育猪配合饲料色泽一致，无发酵、霉变、结块及异味异臭。

2. 水分 仔猪、生长肥育猪配合饲料的含水量在北方不高于 14%，在南方不高于 12.5%。符合下列情况之一时可允许增加 0.5%的含水量：①平均气温在 10℃以下的季节；②从出厂到饲喂期不超过 10 天者；③配合饲料中添加有规定量的防霉剂者(标签中注明)。

3. 加工质量指标

(1)粉碎粒度 仔猪、生长肥育猪配合饲料应 99%通过孔径 2.8 毫米编织筛，但不得有整粒谷物，孔径 1.4 毫米编织筛筛上物不得多于 15%。

(2)混合均匀度 配合饲料应混合均匀，其变异系数应不大于 10%。

4. 仔猪、生长肥育猪配合饲料的营养成分指标 见表 5-1。

表 5-1 仔猪、生长肥育猪配合饲料的营养成分指标

营养成分 \ 产品名称	仔猪饲料		生长肥育猪饲料	
	前期	后期	前期	后期
粗脂肪(%)	2.5	2.5	1.5	1.5
粗蛋白质(%)	20.0	17.0	15.0	13.0
粗纤维(%)	4.0	5.0	7.0	8.0
粗灰分(%)	7.0	7.0	8.0	9.0
钙(%)	0.70～1.20	0.50～1.00	0.40～0.80	0.40～0.80
磷(%)	0.60	0.50	0.35	0.35
食盐(%)	0.30～0.80	0.30～0.80	0.30～0.80	0.30～0.80
消化能(兆焦/千克)	13.39	12.97	12.55	12.13

注:各项营养成分指标含量均以87.5%干物质为基础计算

5. 卫生指标 ①按照中华人民共和国有关饲料卫生标准的规定执行。②应符合中华人民共和国有关饲料添加剂的规定。

(三)检验规则

第一,感官指标、成品粒度、水分、粗蛋白质为出厂检验项目(交收检验项目),由生产厂或公司的质检部门进行检验,其余为形式检验项目(例行检验项目)。

第二,在保证产品质量的前提下,生产厂可根据工艺、设备、配方原料等的变化情况自行确定出厂检验的批量。

(四)判定规则

1. 合格指标 感官指标、水分、混合均匀度、粗蛋白质、粗灰分、粗纤维、钙、磷等为判定合格指标,如检验中有一项指标不符合标准,应重新取样进行复验,复验结果中有一项不合格者即判定为不合格。

2. 参考指标 消化能、粗脂肪、食盐、成品粒度为参考指

标，必要时可按本标准检测或验收。

（五）标签、包装、运输、贮存

1. 标签　应符合 GB 10648（饲料标签，详见附录一）的要求。凡添加药物添加剂的饲料，在标签上应注明药物名称及含量。

2. 包装、运输、贮存　配合饲料包装、运输和贮存，必须符合保质、保量、运输安全和分类、分等贮存的要求，严防污染。

二、后备母猪、妊娠猪、哺乳母猪和种公猪配合饲料

（一）说明　本标准适用于饲料行业加工、销售、调拨、出口的后备母猪、妊娠猪、哺乳母猪、种公猪配合饲料。

（二）技术要求

1. 感官指标　配合饲料色泽一致，无发酵、霉变、结块及异味异臭。

2. 水分　后备母猪、妊娠母猪、哺乳母猪、种公猪配合饲料内含水量在北方不高于 14%，在南方不高于 12.5%。符合下列情况之一时可允许增加 0.5%的含水量：①平均气温在10℃以下的季节；②从出厂到饲喂期不超过 10 天者；③配合饲料中添加有规定量的防霉剂者（标签中注明）。

3. 加工质量指标

（1）粉碎粒度　后备母猪、妊娠母猪、哺乳母猪、种公猪配合饲料应 99%通过孔径 2.8 毫米编织筛，但不得有整粒谷物，孔径 1.40 毫米编织筛筛上物不得多于 15%。

（2）混合均匀度　配合饲料应混合均匀，其变异系数 CV＜10%。

4. 营养成分指标　见表 5-2。

表 5-2　后备母猪、妊娠母猪、哺乳母猪、种公猪配合饲料的营养成分指标

产品名称 \ 营养成分		粗蛋白质(%)≥	钙(%)	磷(%)≥	粗纤维(%)≤	粗灰分(%)≤	食盐(%)	消化能(兆焦/千克)≥
后备母猪料	20～60 千克	14	0.60～1.2	0.45	7	5	0.3～0.8	12.13
	60～90 千克	12.5	0.60～1.2	0.45	8	6	0.3～0.8	12.13
妊娠猪料		12.0	0.60～1.2	0.45	10	6	0.3～0.8	11.72
哺乳母猪料		13.5	0.60～1.2	0.45	8	6	0.35～0.9	12.13
种公猪料		12.0	0.60～1.2	0.45	8	5	0.35～0.9	12.55

注：①消化能为参考指标

②以上指标均以 87.5%干物质为基础计算

5. 卫生指标　①按照中华人民共和国有关饲料卫生标准的规定执行；②应符合中华人民共和国有关饲料添加剂的规定。

(三)检验规则

第一，感官指标、成品粒度、水分、粗蛋白质为出厂检验项目(交收检验项目)，由生产厂或公司的质检部门进行检验，其余为形式检验项目(例行检验项目)。

第二，在保证产品质量的前提下，生产厂可根据工艺、设备、配方原料等的变化情况自行确定出厂检验的批量。

(四)判定规则

1. 合格指标　感官指标、水分、混合均匀度、粗蛋白质、粗灰分、粗纤维、钙、磷等为判定合格指标，如检验中有一项指标不符合标准，应重新取样进行复验，复验结果中有一项不合格者即判定为不合格。

2. 参考指标　消化能、粗脂肪、食盐、成品粒度为参考指标，必要时可按本标准检测或验收。

(五)标签、包装、运输、贮存

1. 标签　应符合 GB 10648(饲料标签)的要求，凡添加药物添加剂的饲料，在标签上应注明药物名称及含量。

2. 包装、运输、贮存　配合饲料包装、运输和贮存，必须符合保质、保量、运输安全和分类、分等贮存的要求，严防污染。

三、产蛋后备鸡、产蛋鸡、肉用仔鸡配合饲料

(一)说明　本标准适用于饲料行业加工、销售、调拨、出口的产蛋后备鸡、产蛋鸡、肉用仔鸡配合饲料。

(二)技术要求

1. 感官指标　配合饲料色泽一致，无发酵、霉变、结块及异味异臭。

2. 水分　产蛋后备鸡、产蛋鸡、肉用仔鸡配合饲料内含水量在北方不高于 14%，在南方不高于 12.5%。符合下列情况之一时可允许增加 0.5%的含水量：①平均气温在 10℃以下的季节；②从出厂到饲喂期不超过 10 天者；③配合饲料中添加有规定量的防霉剂者(标签中注明)。

3. 加工质量指标

(1)粉碎粒度　肉用仔鸡前期配合饲料、后备鸡前期配合饲料应 99%通过孔径 2.8 毫米编织筛，但不得有整粒谷物，孔径 1.4 毫米编织筛筛上物不得多于 15%。肉用仔鸡后期配合饲料、产蛋后备鸡(中期、后期)配合饲料应 99%通过孔径 3.35 毫米编织筛，但不得有整粒谷物，孔径 1.7 毫米编织筛筛上物不得多于 15%；产蛋鸡配合饲料应全部通过 4 毫米

编织筛但不得有整粒谷物，孔径 2 毫米编织筛筛上物不得多于 15%。

(2)混合均匀度　配合饲料应混合均匀，其变异系数 CV<10%。

4. 营养成分指标　见表 5-3。

表 5-3　产蛋后备鸡、产蛋鸡、肉用仔鸡配合饲料的营养成分指标

产品名称	营养成分	粗脂肪(%)	粗蛋白质(%)	粗纤维(%)	粗灰分(%)	钙(%)	磷(%)	食盐(%)	代谢能(兆焦/千克)
产蛋后备鸡饲料	前期	2.5	18.0	5.5	8.0	0.7～1.2	0.60	0.3～0.8	11.72
	中期	2.5	15.0	6.0	9.0	0.6～1.1	0.50	0.3～0.8	11.30
	后期	2.5	12.0	7.0	10.0	0.5～1.0	0.40	0.3～0.8	10.88
产蛋鸡饲料	高峰期	2.5	16.0	5.0	13.0	3.2～4.4	0.50	0.3～0.8	11.50
	前期	2.5	15.0	5.5	13.0	3.0～4.2	0.50	0.3～0.8	11.30
	后期	2.5	14.0	6.0	13.0	2.8～4.0	0.50	0.3～0.8	11.09
肉用仔鸡饲料	前期	2.5	21.0	5.0	7.0	0.8～1.3	0.60	0.3～0.8	11.29
	中期	3.0	19.0	5.0	7.0	0.7～1.2	0.55	0.3～0.8	12.13
	后期	3.0	17.0	5.0	7.0	0.7～1.2	0.55	0.3～0.8	12.55

注：各项营养成分指标含量均以 87.5%干物质为基础计算

5. 卫生指标　①按照中华人民共和国有关饲料卫生标准的规定执行。②应符合中华人民共和国有关饲料添加剂的规定。

(三)检验规则

第一，感官指标、成品粒度、水分、粗蛋白质为出厂检验项目(交收检验项目)，由生产厂或公司的质检部门进行检验，其余为形式检验项目(例行检验项目)。

第二，在保证产品质量的前提下，生产厂可根据工艺、设备、配方原料等的变化情况自行确定出厂检验的批量。

(四)判定规则

1. 合格指标　感官指标、水分、混合均匀度、粗蛋白质、粗灰分、粗纤维、钙、磷等为判定合格指标，如检验中有一项指标不符合标准，应重新取样进行复验，复验结果中有一项不合格者即判定为不合格。

2. 参考指标　消化能、粗脂肪、食盐、成品粒度为参考指标，必要时可按本标准检测或验收。

(五)标签、包装、运输、贮存

1. 标签　应符合 GB 10648(饲料标签)的要求，凡添加药物添加剂的饲料，在标签上应注明药物名称及含量。

2. 包装、运输、贮存　配合饲料包装、运输和贮存，必须符合保质、保量、运输安全和分类、分等贮存的要求，严防污染。

四、鸭配合饲料

(一)说明　本标准适用于饲料行业加工、销售调拨、出口肉用仔鸭、产蛋鸭、种鸭的配合饲料。

(二)技术要求

1. 感官指标　配合饲料色泽一致，无发霉、变质、结块及异味异臭。

2. 水分　配合饲料内含水量在北方不高于 14.0%；在南方不高于 12.5%。

3. 加工质量指标

(1)粉碎粒度　生长鸭(0～8 周龄)配合饲料全部通过孔径 3.36 毫米分析筛，孔径 1.68 毫米分析筛筛上物不得多于

20%。生长鸭(9周龄至开产)配合饲料全部通过孔径4.76毫米分析筛,孔径2.38毫米分析筛筛上物不得多于15%。肉用仔鸭配合饲料全部通过孔径3.36毫米分析筛,孔径1.68毫米分析筛筛上物不得多于20%。产蛋鸭、种鸭配合饲料全部通过孔径4.76毫米分析筛,孔径2.38毫米分析筛筛上物不得多于15%。

(2)混合均匀度　配合饲料应混合均匀,经测试后其变异系数CV<10%。

4. 配合饲料营养成分指标　见表5-4。

表5-4　鸭配合饲料的营养成分指标

产品名称	适用饲喂期	粗脂肪(%)	粗蛋白质(%)	粗纤维(%)	粗灰分(%)	钙(%)	磷(%)	食盐(%)	代谢能(兆焦/千克)
生长鸭配合饲料	前期	2.5	18.0	6.0	8.0	0.80～1.50	0.60	0.30～0.80	11.51
	中期	2.5	16.0	6.0	9.0	0.80～1.50	0.60	0.30～0.80	11.51
	后期	2.5	13.0	7.0	10.0	0.80～1.50	0.60	0.30～0.80	10.88
产蛋鸭配合饲料	高峰期	2.5	17.0	6.0	13.0	2.60～3.60	0.50	0.30～0.80	11.51
	产蛋期	2.5	15.5	6.0	13.0	2.60～3.60	0.50	0.30～0.80	11.09
肉用仔鸭配合饲料	前期	2.5	19.0	6.0	8.0	0.80～1.50	0.60	0.30～0.80	11.72
	前期	2.5	16.5	6.0	9.0	0.80～1.50	0.60	0.30～0.80	11.72
	前期	2.5	14.0	7.0	10.0	0.80～1.50	0.60	0.30～0.80	11.09

注:各项营养成分含量均以87.5%干物质为基础计算

5. 卫生指标　按照中华人民共和国有关饲料卫生标准

的规定执行。

(三)检验规则

第一,感官指标、成品粒度、水分、粗蛋白质为出厂检验项目(交收检验项目),由生产厂或公司的质检部门进行检验,其余为形式检验项目(例行检验项目)。

第二,在保证产品质量的前提下,生产厂可根据工艺、设备、配方原料等的变化情况自行确定出厂检验的批量。

(四)判定规则

1. 合格指标　感官指标、水分、混合均匀度、粗蛋白质、粗灰分、粗纤维、钙、磷等为判定合格指标,如检验中有一项指标不符合标准,应重新取样进行复验,复验结果中有一项不合格者即判定为不合格。

2. 参考指标　消化能、粗脂肪、食盐、成品粒度为参考指标,必要时可按本标准检测或验收。

(五)标签、包装、运输、贮存

1. 标签　应符合 GB 10648(饲料标签)的要求,凡添加药物添加剂的饲料,在标签上应注明药物名称及含量。

2. 包装、运输、贮存　配合饲料包装、运输和贮存,必须符合保质、保量、运输安全和分类、分等贮存的要求,严防污染。

五、长毛兔配合饲料

(一)说明　本标准适用于加工、销售、调拨、出口的长毛兔料配合饲料、浓缩饲料和精料补充料。

(二)技术要求

1. 感官指标　长毛兔配合饲料应色泽新鲜一致,无发霉、变质、结块及异味异臭。

2. 水分　长毛兔配合饲料内含水量在北方配合饲料、精料补充料不高于14%,浓缩饲料不高于12%;在南方配合饲料、精料补充料不高于12.5%,浓缩饲料不高于10%。符合下列情况之一时可允许增加0.5%的含水量:①平均气温在10℃以下的季节;②从出厂到饲喂期不超过10天者;③配合饲料中添加有规定量的防霉剂者(标签中注明)。

3. 加工质量指标

(1)粉碎粒度　长毛兔配合饲料应99%通过孔径2.8毫米编织筛,但不得有整粒谷物,孔径1.4毫米编织筛筛上物不得多于15%。

(2)混合均匀度　配合饲料应混合均匀,其变异系数CV<10%。

4. 营养成分指标　见表5-5。

表5-5　长毛兔配合饲料的营养成分指标

产品名称 \ 指标		消化能(兆焦/千克)	粗蛋白质(%)	粗脂肪(%)	粗纤维(%)	粗灰分(%)	钙(%)	钙磷比	蛋氨酸+胱氨酸(%)
成年长毛兔配合饲料	一级	10.87	16.0	2.5	10.0～16.0	10.0	0.5～1.0	1～2:1	0.65
	二级	9.62	14.0	2.5	10.0～20.0	12.0	0.5～1.0	1～2:1	
浓缩饲料		11.71	30.0	3.5	6.0～10.0	16.0	2.0～4.0	2～4:1	1.70
精料补充料		12.34	18.0	2.5	5.0～12.0	12.0	0.75～1.50	1～2:1	0.85

注:①各项营养成分指标含量均以87.5%干物质为基础计算

②浓缩饲料营养成分指标,按日粮中添加比例25%折算

③精料补充料营养成分指标,按日粮中添加比例65%折算

(三)检验规则

第一,感官指标、成品粒度、水分、粗蛋白质为出厂检验项目(交收检验项目),由生产厂或公司的质检部门进行检验,其

余为形式检验项目(例行检验项目)。

第二,在保证产品质量的前提下,生产厂可根据工艺、设备、配方原料等的变化情况自行确定出厂检验的批量。

(四)判定规则

1. 合格指标　感官指标、水分、混合均匀度、粗蛋白质、粗灰分、粗纤维、钙、磷等为判定合格指标,如检验中有一项指标不符合标准,应重新取样进行复验,复验结果中有一项不合格者即判定为不合格。

2. 参考指标　消化能、粗脂肪、食盐、成品粒度为参考指标,必要时可按本标准检测或验收。

(五)标签、包装、运输、贮存

1. 标签　应符合 GB 10648(饲料标签,详见附录一)的要求,凡添加药物添加剂的饲料,在标签上应注明药物名称及含量。

2. 包装、运输、贮存　配合饲料包装、运输和贮存,必须符合保质、保量、运输安全和分类、分等贮存的要求,严防污染。

六、奶牛精料补充料

(一)说明　本标准适用于饲料行业加工、销售、调拨、出口的奶牛精料补充料。

(二)技术要求

1. 感官指标　奶牛精料补充料应色泽一致,无发霉、变质、结块及异味异臭。

2. 水分　奶牛精料补充料含水量在北方不高于 14.0%;在南方不高于 12.5%。

3. 加工质量指标

(1)粉碎粒度　奶牛精料补充料应全部通过孔径 2.38 毫

米分析筛，孔径1.19毫米分析筛筛上物不得多于20%。

(2)混合均匀度　配合饲料应混合均匀，经测试后其变异系数CV不大于10%。

4. 营养成分指标　见表5-6。

表5-6　奶牛精料补充料的营养成分指标　(%)

产品分级	粗蛋白质	粗纤维	粗灰分	钙	磷
一级料	22	9	9	0.7～1.8	0.5
二级料	20	9	9	0.7～1.8	0.5
三级料	16	12	10	0.7～1.8	0.5

注：精料补充料中若包括外加非蛋白氮物质，以尿素汁，应不超过精料量的1%(高产奶牛和使用氨化秸秆的奶牛慎用)，并在标签中注明

(三)检验规则

第一，感官指标、成品粒度、水分、粗蛋白质为出厂检验项目(交收检验项目)，由生产厂或公司的质检部门进行检验，其余为形式检验项目(例行检验项目)。

第二，在保证产品质量的前提下，生产厂可根据工艺、设备、配方原料等的变化情况自行确定出厂检验的批量。

(四)判定规则

1. 合格指标　感官指标、水分、混合均匀度、粗蛋白质、粗灰分、粗纤维、钙、磷等为判定合格指标，如检验中有一项指标不符合标准，应重新取样进行复验，复验结果中有一项不合格者即判定为不合格。

2. 参考指标　消化能、粗脂肪、食盐、成品粒度为参考指标，必要时可按本标准检测或验收。

(五)标签、包装、运输、贮存

1. 标签　应符合GB 10648(饲料标签，详见附录一)的要求，凡添加药物添加剂的饲料，在标签上应注明药物名称及

含量。

2. 包装、运输、贮存　配合饲料包装、运输和贮存，必须符合保质、保量、运输安全和分类、分等贮存的要求，严防污染。

七、肉牛精料补充料

(一)说明　本标准适用于饲料行业加工、销售、调拨、出口的肉牛精料补充料。

(二)技术要求

1. 感官指标　肉牛精料补充料应色泽一致，无发霉、变质、结块及异味异臭。

2. 水分　参照仔猪饲料相关要求。

3. 加工质量指标

(1)粉碎粒度　肉牛精料补充料的一级料应99%通过孔径2.8毫米编织筛，但不得有整粒谷物，孔径1.4毫米编织筛筛上物不得多于20%。二级、三级料应99%通过孔径3.35毫米编织筛，但不得有整粒谷物，孔径1.7毫米编织筛筛上物不得多于20%。

(2)混合均匀度　肉牛精料补充料变异系数CV<10%。

4. 营养成分指标　见表5-7。

表5-7　肉牛精料补充料的营养成分指标

产品名称	粗蛋白质(%)	粗脂肪(%)	粗纤维(%)	粗灰分(%)	钙(%)	磷(%)	食盐(%)	适用范围
一级料	17	2.5	6	9	0.5～1.2	0.4	0.3～1.0	犊牛阶段 肥育牛
二级料	14	2.5	8	7.0	0.5～1.2	0.4	0.3～1.0	生长期牛
三级料	11	2.5	8	8	0.5～1.2	0.3	0.3～1.0	肥育牛

注：精料补充料占日粮比例：犊牛55%～65%，肥育牛80%

5. 能量参考指标　见表5-8。

表5-8　肉牛精料补充料的能量参考指标

产品名称	肉牛能量单位（RND/千克）（干基）	消化能（兆焦/千克）（干基）	综合净能值（兆焦/千克）（干基）
一级料	0.95	15	7.7
二级料	1.00	15.3	8.1
三级料	1.05	15.6	8.5

注：RND表示肉牛能量单位

6. 非蛋白氮物质　肉牛精料补充料添加尿素一般不得高于1.5%，且需要注明添加物名称、含量、用法及注意事项。犊牛料不得添加尿素。

7. 卫生指标　按照中华人民共和国有关饲料卫生标准的规定执行。

（三）检验规则

第一，感官指标、成品粒度、水分、粗蛋白质为出厂检验项目（交收检验项目），由生产厂或公司的质检部门进行检验，其余为形式检验项目（例行检验项目）。

第二，在保证产品质量的前提下，生产厂可根据工艺、设备、配方原料等的变化情况自行确定出厂检验的批量。

（四）判定规则

1. 合格指标　感官指标、水分、混合均匀度、粗蛋白质、粗灰分、粗纤维、钙、磷等为判定合格指标，如检验中有一项指标不符合标准，应重新取样进行复验，复验结果中有一项不合格者即判定为不合格。

2. 参考指标　消化能、粗脂肪、食盐、成品粒度为参考指标，必要时可按本标准检测或验收。

(五)标签、包装、运输、贮存

1. 标签　应符合 GB 10648(饲料标签,详见附录一)的要求,凡添加药物添加剂的饲料,在标签上应注明药物名称及含量。

2. 包装、运输、贮存　配合饲料包装、运输和贮存,必须符合保质、保量、运输安全和分类、分等贮存的要求,严防污染。

八、产蛋鸡、肉用仔鸡、仔猪和生长肥育猪浓缩饲料

(一)说明　本标准适用于饲料行业加工、销售、调拨、出口的产蛋鸡、肉用仔鸡、仔猪、生长肥育猪的商品性浓缩饲料。

(二)名词　浓缩饲料系由蛋白质饲料、矿物质饲料、预混合饲料组成的,按一定比例掺入能量饲料后,能满足动物营养需要的一种均匀混合物。

(三)技术要求

1. 感官性状　浓缩饲料应色泽一致,无发霉、变质、结块及异味异臭。

2. 水分　浓缩饲料含水量在北方不高于12%,在南方不高于10%。

3. 加工质量指标

(1)粉碎粒度　浓缩饲料全部通过孔径 2.38 毫米分析筛,孔径 1.19 毫米分析筛筛上物不得多于10%。

(2)混合均匀度　浓缩饲料应混合均匀,经测试后其变异系数 CV＜10%。

4. 营养成分指标(按日粮中添加比例 30%计算)　见表5-9。

表 5-9 产蛋鸡、肉用仔鸡、仔猪、生长肥育猪浓缩饲料的营养成分指标

产品名称		粗蛋白质(%)	粗纤维(%)	粗灰分(%)	钙(%)	总磷(%)	食盐(%)	蛋氨酸(%)	代谢能(兆焦/千克)
产蛋鸡浓缩饲料		30	8	38	10～12.7	1.3～2.3	0.83～1.33	0.7	—
肉用仔鸡浓缩饲料	一级	45	7	20	2.7～4.0	1.7～2.7	0.83～1.33	0.8	—
	二级	40	9	20	2.7～4.0	1.7～2.7	0.83～1.33	0.8	—
仔猪(10～20千克)浓缩饲料		35	7	16	2～2.5	1.3～1.8	0.83～1.33	—	2.0
生长肥育猪浓缩饲料	中期	30	12	14	1.5～2.4	0.8～1.5	0.83～1.33	—	1.5
	后期	25	15	14	1.5～2.4	0.8～1.5	0.83～1.33	—	1.0

(四)标　签

第一,产品中所含的微量元素和维生素应符合国家有关质量标准。

第二,产品应标明表中所列营养物质的保证值及消化能(猪)、代谢能(鸡),并对能量饲料的种类、质量配比提出要求。

第三,所有产品不得掺入稻壳粉、花生壳粉等对鸡、猪无实际营养价值的粗饲料;按说明书的规定用量折算成配合饲料中的含量计,饼、粕类中的有毒物质不得超过国家的有关规定。

九、产蛋鸡、肉用仔鸡、仔猪和生长肥育猪微量元素预混合饲料

(一)说明　本标准适用于饲料行业加工、销售、调拨、出口的产蛋鸡、肉用仔鸡、仔猪、生长肥育猪的商品性微量元素预混合饲料。

（二）名词　微量元素预混合饲料指根据动物营养需要量和添加比例制成的一种或多种微量元素化合物加入载体或稀释剂的均匀混合物。

（三）技术要求

1. 感官性状　微量元素预混合饲料应色泽一致，无发霉、变质、结块及异味异臭。

2. 水分　微量元素预混合饲料含水量：①使用无机载体或稀释剂时，不高于5%。②使用有机载体或稀释剂时，不高于10%。

3. 加工质量指标

（1）粉碎粒度　微量元素预混合饲料全部通过孔径0.42毫米分析筛，孔径0.171毫米分析筛筛上物不得多于20%。

（2）混合均匀度　微量元素预混合饲料应混合均匀，经测试后其变异系数应不大于7%。

4. 有毒有害物质　含铅量（以Pb计）不高于30毫克/千克，含砷量（以As计）不高于10毫克/千克。

5. 营养成分指标（按日粮中添加1%比例计算）　见表5-10。

表5-10　产蛋鸡、肉用仔鸡、仔猪、生长肥育猪微量元素预混合饲料营养成分指标

产品名称	铜（毫克/千克）≥	铁（毫克/千克）≥	锰（毫克/千克）≥	锌（毫克/千克）≥
产蛋鸡预混合饲料	—	—	25000	5000
肉用仔鸡预混合饲料	—	—	5500	4000
仔猪（20千克以前）预混合饲料	500	8000	—	8000
生长肥育猪预混合饲料	300	—	—	4000

(四)标　签

第一，产品应标明微量元素含量的保证值、微量元素化合物的化学名称与分子式，使用载体或稀释剂的名称，同时注明钙、总磷、食盐的含量，以利于用户掌握使用。

第二，凡在预混合饲料中添加含硒化合物者，一律注明硒的添加量，并在商品名称后加“加硒”字样。

第三，预混合饲料中铜的含量超过 5 000 毫克／千克（按日粮中添加 1%计）者，必须在商品名称后加“高铜”字样，并注明含量。仔猪的预混合饲料中含铜量不超过 20 000 毫克/千克。产蛋鸡、肉用仔鸡、生长肥育猪的预混合饲料中含铜量不得超过 15 000 毫克/千克。

十、产蛋鸡和肉用仔鸡维生素预混合饲料

(一)说明　本标准适用于饲料行业加工、销售、调拨、出口的产蛋鸡、肉用仔鸡的商品性维生素预混合饲料。

(二)名词　维生素预混合饲料指根据动物营养需要量和添加比例制成的一种或多种维生素加入载体或稀释剂的均匀混合物。

(三)技术要求

1. 感官指标　维生素预混合饲料应色泽一致，无发霉、变质、结块及异味异臭。

2. 水分　维生素预混合饲料含水量不得高于 10%。

3. 加工质量指标

(1)粉碎粒度　维生素预混合饲料全部通过孔径 1.19 毫米分析筛，孔径 0.59 毫米分析筛筛上物不得多于 10%。

(2)混合均匀度　维生素预混合饲料应混合均匀，经测试后其变异系数应不大于 7%。

4. 有毒有害物质　维生素预混合饲料含铅量（以 Pb 计）不高于 30 毫克/千克，含砷量（以 As 计）不高于 10 毫克/千克。

5. 营养成分指标（按日粮中添加 1%比例计算）　见表 5-11。

表 5-11　产蛋鸡、肉用仔鸡维生素预混合饲料营养成分指标

指　标	维生素 A（万单位/千克）≥	维生素 D_3（万单位/千克）≥	维生素 E（万单位/千克）≥	维生素 K_3（毫克/千克）≥	维生素 B_2（毫克/千克）≥	维生素 B_{12}（毫克/千克）≥
产蛋鸡预混合饲料	40	5	500	50	220	0.3
肉用仔鸡预混合饲料	27	4	600	53	360	0.4

（四）标　签

维生素预混合饲料产品应标明维生素的保证值及维生素制剂的化学名称与来源、使用的载体、抗氧化剂的名称和用量，同时还需列出产品的出厂日期及有效贮藏期，以利于用户掌握使用。

十一、产蛋鸡、肉用仔鸡、仔猪和生长肥育猪复合预混合饲料

（一）说明　本标准适用于饲料行业加工、销售、调拨、出口的产蛋鸡、肉用仔鸡、仔猪、生长肥育猪复合预混合饲料的商品性复合预混合饲料。

（二）名词　复合预混合饲料指根据动物营养需要量和添加比例制成的两类或两类以上的微量元素、维生素、氨基酸或非营养性添加剂等微量成分加入载体或稀释剂的均匀混

合物。

(三)技术要求

1. 感官指标　复合预混合饲料应色泽一致,无发霉、变质、结块及异味异臭。

2. 水分　复合预混合饲料含水量不得高于10%。

3. 加工质量指标

(1)粉碎粒度　复合预混合饲料应全部通过孔径1.19毫米分析筛,孔径0.59毫米分析筛筛上物不得多于15%。

(2)混合均匀度　复合预混合饲料应混合均匀,经测试后其变异系数CV<7%。

4. 有毒有害物质　复合预混合饲料含铅量(以Pb计)不高于30毫克/千克,含砷量(以As计)量不高于10毫克/千克。

5. 有效成分　①维生素的有效成分同产蛋鸡、肉用仔鸡维生素预混合饲料质量标准中的规定。②微量元素的有效成分同产蛋鸡、肉用仔鸡、仔猪、生长肥育猪微量元素预混合饲料质量标准中的规定。

(四)标　签

第一,凡含有维生素或微量元素添加剂者,必须符合饲用维生素、饲用微量元素等质量标准中的规定,还应标明其他主要营养成分如氨基酸、钙、总磷、食盐的含量。

第二,凡含有非营养性添加剂者,应注明我国主管部门的批准文号及其用量、用法、禁忌、使用范围、注意事项及有效期,并必须符合我国饲料管理条例中的有关细则规定。

第二节　配合(浓缩)饲料的感官鉴定和化学分析

一、配合(浓缩)饲料的感官鉴定

(一)颜色　各种配合饲料的要求不同,外观略有差别。浓缩饲料中包括蛋鸡浓缩料,肉鸡浓缩料,猪浓缩料,牛、羊、兔浓缩料等。目前大多数饲料企业生产的浓缩料外观颜色,也是根据其粒度要求而有所不同。其中蛋鸡浓缩料为粒状,颜色因豆粕片状大小而变化,豆粕片大时,外观较黄,碎片东西较少,豆粕片小时,外观会呈现棉籽粕和菜籽粕较多,相对较黑。另外,棉籽粕、菜籽粕的颜色也影响浓缩料的外观,棉籽粕、菜籽粕较黄时,浓缩料的外观也黄,棉籽粕、菜籽粕较黑时,料的外观也较黑。肉鸡浓缩料的颜色同样取决于豆粕和棉籽粕、菜籽粕的颜色。另外,肉鸡浓缩料中加油脂比较多,所以油性比较大。猪料粒度较细,外观颜色取决于豆粕、鱼粉、棉籽粕、菜籽粕等的颜色。

全价配合饲料一般为颗粒饲料,颗粒饲料外观一般呈黄色或暗黄色,与原料使用有关。

(二)气味　配合饲料的气味依据是否添加调味剂而变化,如添加调味剂的话,会呈现调味剂的味道,比如鱼腥味、甜香味等;如不添加调味剂,则会呈现鱼粉、豆粕、棉籽粕、菜籽粕的味道等。

(三)配合(浓缩)饲料粉碎粒度　浓缩饲料的粒度可以参考国家质量标准中规定的粒度。全价配合饲料的粒度可根据动物的要求来制作,一般雏鸡、雏鸭使用破碎颗粒料,中期的鸡、鸭使用2.5毫米的颗粒料，上市前的鸡、鸭使用3毫米的颗粒饲料。乳猪使用3毫米的颗粒饲料。

(四)配合(浓缩)饲料粉碎粒度的测定 本测定法适用于用规定的标准编织筛测定配合饲料成品的粉碎粒度。

1. 仪 器

(1)标准编织筛 净孔边长5毫米，3.2毫米，2.5毫米，1.6毫米，1.25毫米。

(2)摇筛机 统一型号电动摇筛机。

(3)天平 感量为0.01克。

2. 测定步骤 从原始样品中称取试样100克，放入规定筛层的标准编织筛内，开动电动机连续筛10分钟，筛完后将各层筛上物分别称重。计算式：

$$该筛层上留存百分率(\%)=\frac{m_1}{m}\times 100$$

式中：m_1——该筛层上留存粉料的重量，克；

m——试样重量，克；

检验结果计算到小数点后第一位，第二位四舍五入。

过筛的损失量不得超过1%，平行试验允许误差不超过1%，求其平均数即为检验结果。

3. 注意事项

(1)测定结果以统一型号的电动摇筛机为准，在该摇筛机未定型与普及前，各地暂用测定面粉粗细度的电动筛筛理(或手工筛5分钟计算结果)。

(2)筛分时若发现有未经粉碎的谷粒与种子时，应加以称重并记载。

4. 附加说明 本标准由中华人民共和国商业部、农牧渔业部提出，文号为GB/T 5918-1997。本标准由无锡轻工业学院、商业部饲料局负责起草。

二、配合(浓缩)饲料的化学分析

(一)配合(浓缩)饲料混合均匀度的测定

1. 范围　本标准规定了配合(浓缩)饲料混合均匀度的两种测定方法，即氯离子选择性电极法和甲基紫法。

本标准适用于各种配合饲料的质量检测，也适用于混合机和饲料加工工艺中混合均匀度的测试。本标准文号为GB/T 5918-1997。

2. 氯离子选择性电极法

(1)方法原理　本法通过氯离子选择性电极的电位对溶液中氯离子的选择性响应来测定氯离子的含量，以饲料中氯离子含量的差异来反映饲料的混合均匀度。

(2)仪器　①氯离子选择性电极。②双盐桥甘汞电极。③酸度计或电位计，精度0.2毫伏(mV)。④磁力搅拌器。⑤烧杯，100毫升，250毫升。⑥移液管，1毫升，5毫升，10毫升。⑦容量瓶，50毫升。⑧分析天平，分度值0.000 1克。

(3)试剂与溶液　本标准所用试剂和水，在没有注明其他要求时，均指分析纯试剂和GB/T 6682中规定的三级水。

硝酸溶液：浓度(HNO_3)约为0.5毫摩/升，吸取浓硝酸35毫升，用水稀释至1 000毫升。

硝酸钾溶液：浓度(KNO_3)约为2.5毫摩/升，称取252.75克硝酸钾于烧杯中，加水加热溶解，用水稀释至1 000毫升。

氯离子标准液：称取经500℃灼烧1小时冷却后的氯化钠(GB 1253-89)8.244 0克于烧杯中，加水微热溶解，转入

1 000毫升容量瓶中，用水稀释至刻度，摇匀，溶液中含氯离子5 毫克/毫升。

(4)样品的采集与制备　本法所需的样品系配合饲料成品，必须单独采制。

每一批饲料至少抽取 10 个有代表性的样品。每个样品的数量应以畜、禽的平均 1 日采食量为准，即肉用仔鸡前期饲料取样 50 克；肉用仔鸡后期饲料与产蛋鸡饲料取样 100 克。生长肥育猪饲料取样 500 克。样品的布点必须考虑各方位深度、袋数或料流的代表性。但是，每一个样品必须由一点集中取样。取样时不允许有任何翻动或混合。

将上述每个样品在化验室充分混匀，以四分法从中分取 10 克试样进行测定。对颗粒饲料与较粗的粉状饲料需将样品粉碎后再取试样。

(5)测定步骤

①标准曲线的绘制：吸取氯离子标准液 0.1 毫升，0.2 毫升，0.4 毫升，0.6 毫升，1.2 毫升，2.0 毫升，4.0 毫升，6.0 毫升，分别加入 50 毫升容量瓶中，加入 5 毫升硝酸溶液，10 毫升硝酸钾溶液，用水稀释至刻度，摇匀，即可得到 0.50 毫克/50 毫升，1.00 毫克/50 毫升，2.00 毫克/50 毫升，3.00 毫克/50 毫升，6.00 毫克/50 毫升，10.00 毫克/50 毫升，20.00 毫克/50 毫升，30.00 毫克/50 毫升的氯离子标准系列，将它们分别倒入 100 毫升的干燥烧杯中，放入磁性搅拌子一粒，以氯离子选择性电极为指示电极，双盐桥甘汞电极为参比电极，用磁力搅拌器搅拌 3 分钟(转速恒定)，在酸度计或电位计上读取指示值毫伏(mV)，以溶液的电位值毫伏(mV)为纵坐标，氯离子浓度为横坐标，在半对数坐标纸上绘制标准曲线。

②试样的测定：称取试样 10 克(准确至 0.000 2 克)置

于250毫升烧杯中，准确加入100毫升水，搅拌10分钟，静置10分钟后用干燥的中速定性滤纸过滤。吸取试样滤液10毫升置于50毫升容量瓶中，加入5毫升硝酸溶液及10毫升硝酸钾溶液，用水稀释至刻度，摇匀，按标准曲线的操作步骤进行测定，读取电位值，从标准曲线上求得氯离子含量的对应值。

③混合均匀度的计算：以各次测定的氯离子含量的对应值为X_1，X_2，X_3，……X_{10}，其平均值$\overline{X}$，标准差S与变异系数CV按式(1)至式(4)计算。

$$\overline{X}=\frac{X_1+X_2+X_3+\cdots\cdots+X_{10}}{10} \qquad (1)$$

其标准差S为：

$$S=\sqrt{\frac{(X_1-\overline{X})^2+(X_2-\overline{X})^2+(X_3-\overline{X})^2+\cdots\cdots+(X_{10}-\overline{X})^2}{10-1}} \qquad (2)$$

或

$$S=\sqrt{\frac{X_1^2+X_2^2+X_3^2+\cdots\cdots+X_{10}^2-10\overline{X}^2}{10-1}} \qquad (3)$$

由平均值$\overline{X}$与标准差S计算变异系数CV：

$$CV(\%)=\frac{S}{\overline{X}}\times 100 \qquad (4)$$

若需求得饲料中的氯离子含量时，可按式(5)计算：

$$C(\%)=\frac{X}{W\times\frac{V}{100}\times 100}\times 100 \qquad (5)$$

式中：C——氯离子(Cl^-)含量；

X——从标准曲线上求得的氯离子(Cl^-)含量，毫克；

W——测定时试样的重量，克；

V——测定时样品滤液的用量,毫升。

3. 甲基紫法

(1)方法原理　本法以甲基紫色素作为示踪物,将其与添加剂一起加入,预先混合于饲料中,然后以比色法测定样品中甲基紫含量,以饲料中甲基紫含量的差异来反映饲料的混合均匀度。本法主要适用于混合机和饲料加工工艺中混合均匀度的测试。

(2)仪　器

①分光光度计:有5毫米比色皿。

②标准筛:筛孔基本规格100微米。

(3)试剂　①甲基紫(生物染色剂);②无水乙醇。

(4)示踪物的制备与添加　将测定用的甲基紫混匀并充分研磨,使其全部通过100微米标准筛。按照配合饲料成品量十万分之一的用量,在加入添加剂的工段投入甲基紫。

(5)样品的采集与制备　在配合饲料生产过程中,要定时采样。每次采集量不低于1千克,共采集10个样品。采集来的样品堆放在1个白色搪瓷盘或1张平铺的纸上,用"四分法"反复混合取样,至最后样品数量剩至200克。采集好的样品,用植物样品粉碎机进行粉碎,过40目的筛子,粉碎2~3次,然后将筛上与筛下的部分混合均匀,即为测定的样品。

(6)测定步骤　称取试样10克(准确至0.000 2克),放在100毫升的小烧杯中,加入30毫升无水乙醇,不时地加以搅动,烧杯上盖一表面玻璃,30分钟后用滤纸过滤(定性滤纸,中速),以无水乙醇作为空白调节零点,用分光光度计,以5毫米比色皿在590纳米的波长下测定滤液的吸光度。

以各次测定的吸光度值为 X_1,X_2,X_3……X_{10},其平均值

$\overline{X}$,标准差 S 与变异系数 CV 按氯离子选择性电极法(1)式至(4)式计算。

4. 注意事项

第一,同一批饲料的 10 个样品测定时应尽量保持操作的一致性,以保证测定值的稳定性和重复性。

第二,由于出厂的各批甲基紫的甲基化程度不同,色调可能有差别。因此,测定混合均匀度所用的甲基紫,必须用同一批次的并加以混匀,才能保持同一批饲料中各样品测定。

(二)配合饲料的其他化学检测项目

1. 必须检测的项目　一般作为饲料企业,产成品经常检验的项目有:水分、粗蛋白质、粗灰分、钙、磷、盐分,这些项目对成品的质量影响比较大,在出厂之前必须检测。尤其是颗粒饲料,水分的检测必须做到批批检测,发现不合格的产品,立即停止销售。标准可以参照国家标准或企业标准执行。

2. 一般检测项目　有些项目对成品的使用效果影响不大,所以可以定期的抽检,不必要每批都检验,如粗脂肪、粗纤维等。

第三节　包装与标签质量控制

包装与标签是饲料企业产品的外在形象和产品的说明,必须符合国家的相关规定,按照国家标准去做。包装设计可以多样化,但必须简洁明了,让用户一看能懂。标签设计必须按照国家规定进行,严格执行国家标准。

一、包装的质量控制

(一)包装的颜色　饲料包装的颜色要根据各厂家的喜

好，由专业设计人员设计。颜色要鲜亮，设计要简洁，可以是普通包装，也可以是彩色包装。

（二）包装的内容 包装的内容应包括以下几个方面：①产品的名称及代号，按照标签要求进行设计，并和标签一致；②商标，包装袋上可以印制本公司的注册商标，并可以印制在明显位置；③包装袋上要印上"本产品符合饲料卫生标准"字样；④包装袋上要印上使用阶段，使用对象，配合比例，以便用户一看就明了，方便使用；⑤包装袋上要印上生产厂家的厂名、厂址、电话、邮政编码；⑥包装袋上要印有重量（指净重）。

（三）包装的质量和重量 包装袋一般为聚乙烯材料，必须保证产品包装后不烂袋，封口处不开封。重量，厂家一般根据装的产品重量不同而确定不同的重量。装 40 千克饲料产品的包装袋子一般要求重量在 120～200 克。

二、标签的质量控制

饲料标签是饲料产品标识方法的一种形式，我国对有关产品标识的标准皆为强制性标准。如 GB 10648-1999《饲料标签》，GB 13432-1992《特殊营养品标签》，GB 10344-1989《饮料酒标签标准》等。这是国家为了保护生产者、销售者、使用者的合法权益不受侵害，用法律、法规、规章的形式，规定产品具备完整的标识，是生产者、经销者必须履行的产品质量责任和义务。《标准化法》第十四条规定："强制性标准，必须执行。不符合强制性标准的产品，禁止生产、销售和进口。推荐性标准，国家鼓励企业自愿采用。"这说明国家对产品标识非常重视，把它上升到保障人身、财产安全的位置。《饲料标签》既然是强制性国家标准，就必须严格地贯彻执行。

(一)什么是饲料标签 以文字、图形、符号说明饲料内容的一切附签及其他说明物。它说明产品的质量、数量、特性、使用方法以及生产者的名称、地址等各种内容。为用户识别、选择和正确使用产品提供依据。

饲料标签可分为两种形式：一种是将文字、图形、符号印制在饲料的包装袋、瓶、箱及其他包装形式的容器或包装物上；一种是单独印制纸签、塑料签(或其他制品签)，粘贴或附吊在饲料包装容器上，也可缝于袋口。

无论采用哪种形式，饲料标签都是向饲料用户及有关方面传递饲料内在质量及生产、经营、使用和管理等方面基本信息的有效手段。

(二)饲料标签的功能 饲料标签是产品标识中的一种，是饲料产品的重要组成部分，也是生产者全面、准确地介绍自己产品质量状况的有效手段。销售者、用户对饲料产品质量、功能、使用方法、注意事项等信息的了解、掌握，通常是通过直观的饲料标签上明示的内容获得的。因此，如果饲料标签标注不当或者标注带有欺骗性的内容，轻者会给用户带来不便，重者则会因造成侵权、损害而引起产品质量责任纠纷。所以，标注好饲料标签对生产者、销售者、用户都具有重要意义。

(三)饲料标签适用的范围 凡在中华人民共和国境内(台湾、香港和澳门执行当地规定)从事商品饲料和饲料添加剂生产与销售活动的国内外一切企业都必须执行。合同定制饲料、自用饲料、可饲用原粮及其加工产品和药物饲料添加剂除外。

(四)实施饲料标签的意义

1. 对于生产单位 可以利用饲料标签合法有效地向用

户介绍自己产品的特征，传达产品质量信息以及就产品质量对用户做出明示承诺和保证。如：用户可以通过标签上明示的产品原料组成和各成分分析保证值，了解产品的质量状况。

2. 对于经营单位　它是指导各类饲料产品在流通领域中安全贮运、适时销售的指南。如：产品的生产日期、保质期、贮存条件、贮存方法等。如果不标明就有可能造成过期变质产品流入市场。

3. 对于使用单位　可以通过饲料标签了解饲料产品的质量状况，便于合理选择饲料和正确饲喂或贮运。如：加入药物饲料添加剂的产品在标签上明示，并标明配料禁忌、休药期等注意事项，使用户一目了然，不会因用错药物而使畜禽受到损害，也不会因不及时停药而造成动物体内兽药残留超标，从而使动物食品影响人体健康。

4. 对于监督单位　可以通过宣传、贯彻、执行《饲料标签》标准，有效地加强对饲料生产和流通领域的监督与管理，有利于建立健康的饲料行业市场运行机制，规范饲料市场的有序竞争。这样就可以在监督检查时，按标签上明示的原料组成有效地进行监督检验，一经发现事实与标签上明示的不符，即可按《产品质量法》等有关法律、法规进行严厉处罚。

（五）合格的饲料标签

1. 基本原则

（1）合法性　要求标签的内容必须符合《饲料标签》标准及国家有关法律、法规的规定，如标准化法及其配套法规、计量法、商标法等。

（2）科学性　指标签上的文字、图形符号要使用户容易理解，清晰、规范、直观易懂。

（3）真实性　指标签上所标注的内容必须真实，要实事求是地描述，不允许有意或无意地写与饲料内容不符的虚假宣传或夸大宣传；不得夸大饲料的实际作用；不得使用不具备参比对象的百分数等。

2. 基本要求

(1)料签一起　要求标签不得与包装物分离。可以悬挂或缝制在包装袋口，瓶装产品可粘贴在瓶壁上，散装产品标签要随发货单传送。

(2)结实清晰　要求保证当产品到达用户手中时，其标签的内容仍清晰易辨。因而要求标签的材质耐用，印刷的文字、图形牢固，不脱落。

(3)文字规范　指标签上使用的文字、符号、术语、代号要规范。文字包括汉字、拼音和外文。汉字要符合1986年根据国务院批示由国家语言文字工作委员会重新发表的《简化字总表》所收录的简化字；1988年3月由国家语言文字工作委员会和新闻出版署发布的《现代汉语通用字表》中收录的汉字。标签上不可以使用繁体字，也不可以使用自撰的简化字。当需要使用有对应关系的汉语拼音及其他文字，必须与汉字同时使用，不能单独使用汉语拼音和其他文字。术语要规范，如“粗蛋白质”不要写成“粗蛋白”；计量单位的符号应小写时，不要大写。即要符合GB/T 10647《饲料工业通用术语》和GB/T 18695《饲料加工设备术语》这两个标准。

(4)法定单位　规定标签上使用的计量单位必须是法定计量单位。法定计量单位系指国家以法令形式规定允许使用的单位。质量的法定计量单位一般采用克(g)、千克(kg)、吨(t)；体积单位用微升(μL)、毫升(mL)、升(L)，不可以用已废除的市制、英制等单位如“市斤”、“磅”、“市升”作为质量和体积单位。过去常用的表示质量分数或体积分数的ppm(10 E-

6,表示百万分之一),ppb(10E—9,表示千百万分之一)。它们不是单位而是英文缩写词头,我们也不再使用。表示某物质在饲料中含量,常量一般以质量百分数表示,如粗蛋白质含量为20%。微量时,本标准规定以每千克饲料中含某物质的质量表示。如表示某预混料中某元素的含量,可写作每千克产品中含某元素为××毫克(mg)。表示配合饲料中药物饲料添加剂含量,可写作每千克饲料中含盐酸氨丙啉×毫克(mg)(系指药物有效成分含量)。表示饲料中有害物质的含量,可写作每千克饲料中含霉菌总数为10亿个(或每克饲料中含霉菌总数×10E—9个)。

我国饲料行业曾以毫克/千克(mg/kg)代替“ppm”,表示某微量物质在饲料中的含量(质量分数)。但这种表示是有缺陷的。首先,“mg/kg”不是法定计量单位的组合单位,实则仍为质量分数;其次,会误以为是毫克每千克体重,尤其是表示药物含量,很容易让人理解为每千克动物体重的给药量。参考国外饲料标签计量单位的各种标注方法,经慎重研究决定:我们今后对饲料中微量物质的含量,不再用ppm和mg/kg表示,而采用每千克饲料中含多少毫克(或微克)某物质来表示。采用每千克饲料中含有某物质多少毫克,十分直观和易于理解,也避免了对单位含意产生误解的问题。

(5)专签专用　要求一个标签只标示一个饲料产品,一个饲料产品系指采用同一个标准生产的、其各项指标符合所执行标准要求的单一产品。如果数个产品为同一个标准编号,则每个产品都应有自己相应的标签。不允许将各项指标不同的饲料产品使用同一个标签。就是说:一个标签仅提供给用户该产品的信息,如一个标签标注数个产品会造成混淆,而导致用户弄不清手中的产品是标签上的哪一个。尤其加入了药物饲料添加剂的产品，多个产品是无法按要求标注的。

3. 基本内容　明示卫生标准，饲料名称，产品成分分析保证值，原料组成，产品标准编号，饲料药物添加剂，使用说明，净重（或净含量），生产日期，保质期，名称和地址，证号及其他。

（六）明示卫生标准　饲料标签上应标有“本产品符合饲料卫生标准”字样，以明示产品符合国家有关的规定。

1. 国家有关规定的范围　饲料产品符合《饲料卫生标准》（GB 13078）是对产品质量必须满足的最基本的要求。没有包括在《饲料卫生标准》内的产品，可以执行行业标准、地方标准或企业标准。无论执行哪种标准，至少，其产品的原料必须符合国标《饲料卫生标准》或各级饲料卫生标准的要求。

2. 卫生标准是强制执行　按照我国《标准化法》的规定，涉及人体健康和人身、财产安全的国家标准和行业标准为强制性标准。饲料卫生标准和渔用配合饲料安全限量标准都是强制性标准。不管企业是否愿意，其产品都要符合标准要求。

3. 明确承诺应有的责任　从《饲料标签》（GB 10648-1993）的执行情况看，某些生产者错误地以为，凡在标签上没有要求的，就可以不执行。所以，质检部门经常收到一些卫生指标明显不合要求的送检样品。为了免除这种误解和维护用户的合法权益，有关企业向用户的默示担保（不言而喻，应该保证产品符合卫生标准）改为明示担保。

4. 卫生标准不断修改和完善　随着科技水平的不断提高，检测手段的逐渐完善和人们对畜产品安全的要求越来越高，饲料卫生标准的项目和指标也在不断修改和完善。初版的饲料卫生标准中只规定了猪、鸡用配合饲料的 17 种指标，再版的饲料卫生标准规定了猪、鸡用配合饲料、浓缩饲料和添加剂预混合饲料的18种指标。

农业部在2002年又颁布了NY 5072无公害食品、渔用配合饲料安全限量标准。因此，各饲料企业要注意收集这方面的信息，生产出符合有关要求的饲料。

5. 在标签上的位置　没有强调具体的位置，各企业可根据标签总体设计布局安排，但一定要有。建议放在标签正面显著、醒目的位置。

（七）饲料名称　饲料名称就是饲料产品名称。

1. 应符合GB/T 10647中的有关定义　饲料的名称必须能准确反映饲料本身固有的性质和特征。其名称应与产品标准一致并符合GB/T 10647标准的定义。不得使用独创名称或广告性名称，不得在名称中随意加修饰语。如“浓缩饲料”不得称“超级浓缩料”或“料精”、“蛋白精”等。

2. 指明饲喂对象和饲喂阶段　饲料名称需要指明使用对象和使用阶段的应予以指明。如“产蛋鸭配合饲料”、“种鸭配合饲料”，不得笼统称“鸭配合饲料”。前者明确表示饲料使用对象是鸭，饲喂阶段是产蛋鸭或种鸭。

3. 商标名称和牌号名　“商标”是指经注册的商标；“牌号”一般是企业对其产品的编号。商标名称和牌号名称不可单独使用，可与饲料名称同时使用。

4. 具有一定知名度的不规范名称　企业使用的具有一定知名度的不规范名称可用括弧放在规范名称之后作为过渡。

5. 包装物上的名称应与标签上的名称一致　包装物上的产品名称应与标签上的名称一致，不得使用夸大虚假的产品名称，如“王中王”之类。

（八）产品成分分析保证值　生产者根据规定的保证值项

目，对其产品成分必须做出明示承诺和保证，保证在保质期内，采用规定的分析方法均能分析得到符合标准要求的产品成分值。

1. 保证值必须符合产品生产所执行标准的要求　企业产品标准值是多少，标签就标多少。因为按照《产品质量法》的有关规定，饲料标签也是一种明示承诺或保证的一种形式，是可以作为法律依据的。

2. 标示出的项目应符合标签标准要求并与执行标准一致　饲料标签标准将饲料产品分成11大类，对每类产品应标示出的项目都有要求，尤其是配合饲料和蛋白质饲料很明确。

标准中规定了多少项目，标签就标多少项目，不可多标或少标，否则就有欺骗性嫌疑。

3. 标示出的有效数字应与执行标准一致　有效数字与执行标准一致主要为判定合格与否做准备。如河南省规定粗蛋白质、粗脂肪、粗灰分、粗纤维、水分保留1位小数；钙、总磷、食盐、氨基酸保留2位小数；维生素、微量元素一般取整数，含量低或极低保留1位或2位小数。

4. 不标示分析允许误差　分析保证值只标示范围值，不标示分析允许误差。分析允许误差是分析方法本身由于仪器及操作等因素允许存在的系统误差。质量监测部门在具体检测和进行质量判定时，按规定对分析结果进行计算，分析允许误差只与分析结果的计算和判定有关，而与标签上的产品成分分析保证值无关。

（九）原料组成　标明用来加工饲料产品使用的主要原料名称以及添加剂、载体和稀释剂名称。用什么原料，标注什么。

1. 原料名称的标注　各种原料的名称，原则上以具体名称标出，如玉米、豆粕等。若配方中某些原料常有替代情况发生时，也可以原料种类标出，如谷物、植物油料饼粕等。

2. 含有有毒有害物质时的原料，必须标示具体品名　如果采用的原料含有有毒有害物质时，则必须标示具体品名，如棉籽饼粕、菜籽饼粕、皮革蛋白粉等。

3. 原料标注的顺序　推荐按能量饲料、蛋白质饲料、矿物质、营养性饲料添加剂、一般性饲料添加剂、载体和稀释剂排列。

4. 添加的饲料添加剂　要标示出法定名称，添加的添加剂必须是国家允许的，符合有关规定。

(十)产品标准编号　生产该产品所执行的标准编号。

1. 执行什么标准，标注什么标准编号　企业在生产该项产品时所依据的标准的编号。该标准可以是国家标准、行业标准或经备案的企业标准。

2. 所执行的标准必须是现行标准　现有的饲料产品标准基本上已调整为推荐性国家标准或行业标准。调整为推荐性标准的原国家标准正在进行修订或确认；调整为行业标准的要重新编号。专业标准已经废止，今后企业在执行新的标签标准时，不要出现已调整为行业标准的原国家标准的编号，更不要出现作废的标准编号。

3. 标签与标准的关系　饲料标签上所标示的成分保证值应符合所执行标准的要求。

4. 标签与质量的关系　产品质量与标签标注的内容相一致并符合《饲料卫生标准》的规定。政府正是通过标签与标准、质量与标签之间的上述关系达到对饲料生产、经营的监督管理。

(十一)饲料药物添加剂　为预防动物疾病或影响动物某

种生理、生化功能，而添加到饲料中的一种或几种药物与载体或稀释剂按规定比例配制而成的均匀预混物。

第一，必须标注“含有药物饲料添加剂”。

第二，字体醒目，标注在产品名称下。

第三，不得将交替使用的药物全部列出。

第四，药物添加的范围。严格执行农业部第168号公告中规定的适用动物，不得超范围使用。同时应注意一些强制性的行业和地方标准中对饲料药物添加剂使用的要求，不要违规，也不要打擦边球。

第五，药物的法定名称。指符合农业部第168号公告发布的《允许作饲料药物添加剂的兽药品种及使用规定》及农业部批准允许使用的药物名称，不得使用其他名称，也不得单独使用商品名称。

第六，药物的有效成分含量。指饲料药物添加剂在饲料中的有效成分含量。药物品种、加药量、注意事项、休药期等应严格执行上述规定。不得擅自加大药物饲料添加剂的使用剂量和使用范围。否则，不仅增加养殖成本，还将造成畜产品中兽药残留超标，影响人体健康和畜产品的出口。

（十二）使用说明 对于不能直接饲喂动物的预混料、浓缩饲料和精料补充料，应在标签上给出使用说明，说明产品的使用方法、注意事项或给出推荐配方，以帮助用户正确有效地使用上述产品。

（十三）净重（或净含量） 去除包装容器和其他包装材料后，内装物的实际质量。

1. *必须标明每个最小包装物净重* 当以包装物（袋或瓶）包装后又以纸箱或其他容器等大包装物进行包装时，还应在大包装物上标明内含小包装的件数及净重。散装运输的饲料，要标明每个运输单位的净重。

2. 净重值的后面不必给出误差　计量器具是否符合要求，由政府有关部门按规定监督检查，其允许偏差由技术监督部门规定。

3. 计量单位　以国家法定计量单位克(g)、千克(kg)或吨(t)表示。

(十四)生产日期　根据《中华人民共和国产品质量法》第十五条第四款规定，限期使用的产品，标明生产日期和安全使用期或者失效日期。

1. 标示方法　应明确完整标明年、月、日，而没有统一要求。建议采用××××年××月××日的方式表示。

2. 不标示的处罚　生产日期是饲料标签上必须标注的重要内容之一。饲料为限期使用的产品，所以必须在饲料标签上标明其生产日期，不得以任何理由省略，也不得在打印生产日期时有意推后，或以出厂日期代替生产日期。更改生产日期是违法的欺骗行为，必须杜绝。《饲料和饲料添加剂管理条例》第二十六条规定：饲料、饲料添加剂的包装不符合本条例第十四条的规定，或者附具的标签不符合本条例第十五条的规定的，由县级以上地方人民政府饲料管理部门责令限期改正；逾期不改正的，责令停止销售，可以处违法所得1倍以下的罚款。

(十五)保质期　在规定的贮存条件下，保证产品质量的期限。在此期限内，产品的成分、外观等应符合标准要求。

1. 时间要明确　时间概念要清楚，不能用含混的词句。如：不能用冬春季××天，夏秋季××天来表示。而应1～4月××天，5～10月××天；或者一、四季度××天，二、三季度××天来表示。

2. **贮存条件要明确** 明明白白告诉用户应怎样贮存，贮存的条件和方法是什么。

3. **标示的方法** 根据需要在标签上注明保质期的同时注明贮存条件及贮存方法。

（十六）名称和地址 是指生产者、分装者的名称和地址。生产或分装者必须能够独立承担产品质量责任，必须是依法登记注册。并且标注的地址、名称、电话等都必须是真实的、与其法人的营业执照相一致。

如果是进口饲料，要在标签的显著位置标明农业部颁发的进口产品登记许可证编号。包装上要有中文标签，标明原产国家名称或地区名称。

分装者的标签按 GB 10648 的规定执行，并标明原产国家名称或地区名称。

生产日期和净重根据情况可在中文标签上标明“见原产地标签”或“见外包装”，但原产地标签或外包装上生产日期和净重的标注也要符合 GB 10648 的要求。

（十七）证号 指企业依法取得的生产许可证、生产登记证、产品批准文号等。

1. **范围** 实施了生产许可证和产品批准文号管理的产品，标签上应标注有效的生产许可证号、产品批准文号。但生产者不得伪造和冒用。

2. **违规的法律责任** 《饲料和饲料添加剂管理条例》第二十四条规定，违反本条例规定，未取得生产许可证生产饲料添加剂、添加剂预混合饲料的，由县级以上地方人民政府饲料管理部门责令停止生产，没收违法生产的产品和违法所得，并处违法所得 1 倍以上 5 倍以下的罚款；对已取得生产许可证，但未取得产品批准文号的，责令停止生产，并限期补办产品批准文号。第三十二条规定，假冒、伪造或者买卖饲料添加剂、添加剂预混合饲料生产许可证、产品批准文号或者产品登记证的，依照刑法关于非法经营或者伪造、变造、买卖国家机关公文、证件、印章罪的规定，依法追究刑事责任；尚不构成刑事处罚的，由国务院农业行政主管部门或者省、自治区、直辖市人民政府饲料管理部门按照职责权限收缴或者吊销生产许可证、产品批准文号或者产品登记证，没收违法所得，并处违法所得 1 倍以上 5 倍以下的罚款。

(十八)其他 给生产者留有余地，即生产者可以标注自己认为必要的、除上述 12 项内容之外的其他内容，诸如产品品牌、条码、质量认证标志等。

(十九)当前《饲料标签》标准执行中存在的问题 《饲料标签》标准从 2000 年 6 月 1 日开始实施以来，目前存在以下问题。

一是使用不规范的汉字。《产品标识标注规定》中第六条规定，产品标签所用文字应当为规范中文。应该强调的是，饲料标签是为了让用户更好地选择、使用产品。完整规范的饲料标签，是一种免费的产品促销广告。如果使用大部分人看不懂的繁体字，则失去了标签的作用。因此，使用规范的汉字标注饲料标签是发挥饲料标签应有作用的前提，应严格按《饲料标签》、《产品标识标注规定》和有关法律、法规要求标注标签。

二是大多数中、小型或家庭作坊型的饲料生产企业因缺少专业技术人员，对标准化工作不熟悉，不懂得如何标注好饲料标签或对该标注的内容不理解，出现了生产企业相互间模仿甚至抄袭饲料标签的现象。

三是有意隐瞒饲料产品质量信息的真相。如有些生产企业对标签上为什么要标注产品成分分析保证值没有充分理解，总觉得标低了更保险，也有故意把保证值标高进行弄虚作假的。

四是生产日期、保质期存在问题。《产品质量法》和《产品标识标注规定》中规定：限期使用的产品必须标明生产日期和安全使用期或失效日期。饲料是限期使用产品，必须在饲料标签上标明生产日期，有相当多的生产企业没有标。究其原因，一方面是重视不够，认为产品都是按计划生产和出售，标不标生产日期无所谓。另一方面是怕麻烦，天天都须印上不同的日期，所以只要企业不作硬性要求，员工也就懒得印上。

附　录

附录一　饲料标签

（代替 GB 10648-1993）

前　言

本标准是 GB 10648-1993《饲料标签》的修订本。

本标准与 GB 10648-1993 的主要差异如下：

—本版本的结构及表述按 GB/T 1.1-1993《标准化工作导则 第 1 单元：标准的起草与表述规则第 1 部分：标准编写的基本规定》进行了修改；

—在第 1 章明确标准适用范围包括进口饲料和饲料添加剂；不适用范围增加了药物饲料添加剂；

—增加了四项术语的定义；

—规定了标签上必须标示“本产品符合饲料卫生标准”字样；

—在增加的附录 A 中，对饲料标签上所涉及的计量单位的标注作了具体说明；

—补充了加入药物饲料添加剂饲料标签标注的内容；

—对预混料、浓缩饲料、精料补充料，规定在标签上标明相应配套的推荐配方或使用方法及其他注意事项；

—对各类别饲料的产品成分分析保证值项目做了必要的补充和修正；

—规定了一个标签只标注一个产品，不可将数个产品使用同一个标签。

本标准于1988年2月首次发布，于1993年进行了第一次修订。

本标准自实施之日起同时代替GB 10648-1993。

本标准的附录A是标准的附录。

本标准由全国饲料工业标准化技术委员会提出并归口。

本标准起草单位：中国饲料工业协会、全国饲料工业标准化技术委员会秘书处。

本标准主要起草人：王随元、齐文英、牟永义、孙鸣、胡广东、郑喜梅。

本标准委托全国饲料工业标准化技术委员会负责解释。

1 范围

本标准规定了饲料标签设计制作的基本原则、要求以及标签标示的基本内容和方法。

本标准适用于商品饲料和饲料添加剂(包括进口饲料和饲料添加剂)的标签。合同定制饲料、自用饲料、可饲用原粮及其加工产品和药物饲料。

2 引用标准

下列标准所包含的条文，通过在本标准中引用而构成为本标准的条文。本标准出版后，所示版本均为有效。所有标准都会被修订，使用本标准的各方应探讨使用下列标准最新版本的可能性。

GB/T 10647-1989 饲料工业通用术语。

GB 13078-1991 饲料卫生标准。

3 定义

本标准采用GB/T 10647中的定义。其他术语采用下列定义。

3.1 饲料标签 feed label

以文字、图形、符号说明饲料内容的一切附签及其他说明物。

3.2 药物饲料添加剂 medical feed additive

为预防动物疾病或影响动物某种生理、生化功能，而添加到饲料中的一种或几种药物与载体或稀释剂按规定比例配制而成的均匀预混物。

3.3 产品成分分析保证值 guaranteed analytical value of product

生产者根据规定的保证值项目，对其产品成分必须作出的明示承诺和保证，保证在保质期内，采用规定的分析方法均能分析得到的、符合标准要求的产品成分值。

3.4 净重 net mass

去除包装容器和其他包装材料后，内装物的实际质量。

3.5 保质期 shelf life

在规定的贮存条件下，保证饲料产品质量的期限。在此期内，产品的成分、外观等应符合标准要求。

4 基本原则

4.1 饲料标签标示的内容必须符合国家有关法律和法规的规定，并符合相关标准的规定。

4.2 饲料标签所标示的内容必须真实并与产品的内在质量相一致。

4.3 饲料标签内容的表述应通俗易懂、科学、准确，并易于为用户理解掌握。

不得使用虚假、夸大或容易引起误解的语言，更不得以欺骗性描述误导消费者。

5 必须标示的基本内容

5.1 饲料标签上应标有“本产品符合饲料卫生标准”字样,以明示产品符合 GB 13078 的规定。

5.2 饲料名称

5.2.1 饲料产品应按 GB/T 10647 中的有关定义,采用表明饲料真实属性的名称进行命名。

5.2.2 需要指明饲喂对象和饲喂阶段的,必须在饲料名称中予以表明。

5.2.3 在使用商标名称或牌号名称时,必须同时使用 5.2.1 规定的名称。

5.3 产品成分分析保证值

5.3.1 标签上应按表 1 规定项目列出产品成分分析保证值。

5.3.2 保证值必须符合产品生产所执行标准的要求。

5.3.3 各类产品其成分分析保证值的项目规定见附表 1。

附表 1 产品成分分析保证值项目

序 号	产品类别	保证值项目	备 注
01	蛋白质饲料	粗蛋白质、粗纤维、粗灰分、水分(动物蛋白质饲料增加钙、总磷、食盐)、氨基酸	
02	配合饲料	粗蛋白质、粗纤维、粗灰分、钙、总磷、食盐、水分、氨基酸	
03	浓缩饲料	粗蛋白质、粗纤维、粗灰分、钙、总磷、食盐、水分、氨基酸、主要微量元素和维生素	

续附表 1

序 号	产品类别	保证值项目	备注
04	精料补充料	粗蛋白质、粗纤维、粗灰分、钙、总磷、食盐、水分、氨基酸、主要微量元素和维生素	
05	复合预混料	微量元素及维生素和其他有效成分含量;载体和稀释剂名称;水分	
06	微量元素预混料	微量元素有效成分含量;载体和释剂名称;水分	
07	维生素预混料	维生素有效成分含量;载体和稀释剂名称;水分	
08	矿物质饲料	主要成分含量、主要有毒有害物质最高含量、水分、粒度	若无粒度、水分要求时,此二项可以不列
09	营养性添加剂	有效成分含量	
10	非营养性添加剂	有效成分含量	不包括药物饲料添加剂
11	其他	标明能说明产品内在质量的项目	

注:序号 1、2、3、4 保证值项目中氨基酸的具体种类和保证值的标注由企业根据产品的特性自定

5.4 原料组成

标明用来加工饲料产品使用的主要原料名称以及添加剂、载体和稀释剂名称。

5.5 产品标准编号

标签上应标明生产该产品所执行的标准编号。

5.6 加入药物饲料添加剂的饲料产品

5.6.1 对于添加有药物饲料添加剂的饲料产品，其标签上必须标注："含有药物饲料添加剂"字样，字体醒目，标注在产品名称下方。

5.6.2 标明所添加药物的法定名称。

5.6.3 标明饲料中药物的准确含量、配伍禁忌、停药期及其他注意事项。

5.7 使用说明

预混料、浓缩饲料和精料补充料，应给出相应配套的推荐配方或使用方法及其他注意事项。

5.8 净重或净含量

应在标签的显著位置标明饲料在每个包装物中的净重；散装运输的饲料，标明每个运输单位的净重，以国家法定计量单位克(g)、千克(kg)或吨(t)表示。若内装物不以质量计量时，应标注"净含量"。

5.9 生产日期

生产日期采用国际通用表示方法，如 1998-08-01，表示 1998 年 8 月 1 日。

5.10 保质期

5.10.1 用"保质期____个月(或若干天)"表示。

5.10.2 注明贮存条件及贮存方法。

5.11 生产者、经销者的名称和地址。

5.11.1 必须标明与其营业执照一致的生产者、分装者的名称和详细地址，邮政编码和联系电话。

5.11.2 进口产品必须用中文标明原产国名、地区名、及与营业执照一致的经销者在国内依法登记注册的名称和详细地址、邮政编码、联系电话等。

5.12 生产许可证和产品批准文号

实施生产许可证、产品批准文号管理的产品，应标明有效的生产许可证号、产品批准文号。

5.13 其他

可以标注必要的其他内容，如有效期内的质量认证标志等。

6　基本要求

6.1 饲料标签不得与包装物分离。

6.2 散装产品的标签随发货单一起传送。

6.3 饲料标签的印制材料应结实耐用；文字、符号、图形清晰醒目。

6.4 标签上印制的内容不得在流通过程中变得模糊不清甚至脱落，必须保证用户在购买和使用时清晰易辨

6.5 饲料标签上必须使用规范的汉字；可以同时使用有对应关系的汉语拼音及其他文字。

6.6 标签上出现的符号、代号、术语等应符合国家法令、法规和有关标准的规定。

6.7 饲料标签标注的计量单位，必须采用法定计量单位。饲料标签上常用计量单位的标注见附录 A。

6.8 一个标签只标示一个饲料产品，不可一个标签上同时标出数个饲料产品。

附录 A

(标准的附录)

饲料标签计量单位的标注

A1 产品成分分析保证值

A1.1 粗蛋白质、粗纤维、粗脂肪、粗灰分、总磷、钙、食盐、水分、各种氨基酸的含量，以质量百分数(%)表示。

A1.2 微量元素的含量，以每千克饲料中含有某元素的质量表示(如:mg 或 μg)。

A1.3 有毒有害物质的含量，以每千克饲料中含有毒有害物质的质量或个数表示(如:mg,μg 或细菌:个数/克)。

A1.4 药物和维生素含量，以每千克饲料中含药物或维生素的质量，或以表示药物生物效价的国际单位表示(如:mg,μg 或国际单位 IU)

附录二　国家饲料卫生标准

国家饲料卫生标准见附表2。

附表2　饲料、饲料添加剂卫生指标　(GB 13078-2001)

序号	卫生指标项目	产品名称	指　标	试验方法	备　注
1	砷(以总砷计)的允许量(每千克产品中),毫克	石　粉	≤2.0	GB/T 13079	不包括国家主管部门批准使用的有机砷制剂中的砷含量
		硫酸亚铁、硫酸镁			
		磷酸盐	≤20.0		
		沸石粉、膨润土、麦饭石	≤10.0		
		硫酸铜、硫酸锰、硫酸锌、碘化钾、碘酸钙、氯化钴	≤5.0		
		氧化锌	≤10.0		
		鱼粉、肉粉、肉骨粉	≤10.0		
		家禽、猪配合饲料	≤2.0		
		牛、羊精料补充料	≤10.0		
		猪、家禽浓缩饲料			以在配合饲料中20%的添加量计
		猪、家禽添加剂预混饲料			以在配合饲料中1%的添加量计

续附表 2

序号	卫生指标项目	产品名称	指　标	试验方法	备　注
2	铅（以Pb计）的允许量（每千克产品中），毫克	生长鸭、产蛋鸭、肉鸭配合饲料、鸡配合饲料、猪配合饲料	≤5	GB/T 13080	
		奶牛、肉牛精料补充料	≤8		
		产蛋鸡、肉用仔鸡浓缩饲料，仔猪、生长肥育猪浓缩饲料	≤13		以在配合饲料中20%的添加量计
		骨粉、肉骨粉、鱼粉、石粉	≤10		
		磷酸盐	≤30		
		产蛋鸡、肉用仔鸡复合预混合饲料，仔猪、生长肥育猪复合预混合饲料	≤40		以在配合饲料中1%的添加量计
3	氟（以F计）的允许量（每千克产品中），毫克	鱼　粉	≤500	GB/T 13083	高氟饲料用
		石　粉	≤2000		
		磷酸盐	≤1800	HG 2636	HG 2636-1994中4.4条

续附表 2

序号	卫生指标项目	产品名称	指标	试验方法	备注
3	氟（以F计）的允许量（每千克产品中），毫克	肉用仔鸡、生长鸡配合饲料	≤250	GB/T 13083	HG 2636-1994中4.4条
		产蛋鸡配合饲料	≤350		
		猪配合饲料	≤100		
		骨粉、肉骨粉	≤1800		
		生长鸭、肉鸭配合饲料	≤200		
		产蛋鸭配合饲料	≤250		
		牛（奶牛、肉牛）精料补充料	≤50		
		猪、禽添加剂预混合饲料	≤1000		以在配合饲料中1%的添加量计
		猪、禽浓缩饲料	按添加比例折算后，与相应猪、禽配合饲料规定值相同	GB/T 13083	

续附表 2

序号	卫生指标项目	产品名称	指　标	试验方法	备　注
4	霉菌的允许量(每克产品中)，霉菌总数×10^3个	玉　米	<40	GB/T 13092	限量饲用 40～100;禁用:>100
		小麦麸、米糠			限量饲用 40～80;禁用:>80
		豆饼(粕)、棉籽饼(粕)、菜籽饼(粕)	<50		限量饲用 50～100;禁用:>100
		鱼粉、肉骨粉	<20		限量饲用:20～50;禁用:>50
		鸭配合饲料	<35		
		猪、鸡配合饲料,猪、鸡浓缩饲料,奶、肉牛精料补充料	<45		
5	沙门氏杆菌	饲　料	不得检出	GB/T 13091	
6	细菌总数的允许量(每克产品中)细菌总数×10^6个	鱼　粉	<2	GB/T 13093	限量饲用:2～5;禁用:>5

金盾版图书，科学实用，通俗易懂，物美价廉，欢迎选购

优良牧草及栽培技术	7.50 元
菊苣鲁梅克斯籽粒苋栽培技术	5.50 元
北方干旱地区牧草栽培与利用	8.50 元
牧草种子生产技术	7.00 元
牧草良种引种指导	13.50 元
退耕还草技术指南	9.00 元
草坪绿地实用技术指南	24.00 元
草坪病虫害识别与防治	7.50 元
草坪病虫害诊断与防治原色图谱	17.00 元
实用高效种草养畜技术	7.00 元
饲料作物高产栽培	4.50 元
饲料青贮技术	3.00 元
青贮饲料的调制与利用	4.00 元
农作物秸秆饲料加工与应用(修订版)	14.00 元
中小型饲料厂生产加工配套技术	5.50 元
常用饲料原料及质量简易鉴别	13.00 元
秸秆饲料加工与应用技术	5.00 元
草产品加工技术	10.50 元
饲料添加剂的配制及应用	10.00 元
饲料作物良种引种指导	4.50 元
饲料作物栽培与利用	8.00 元
菌糠饲料生产及使用技术	5.00 元
配合饲料质量控制与鉴别	11.50 元
中草药饲料添加剂的配制与应用	14.00 元
畜禽营养与标准化饲养	55.00 元
家畜人工授精技术	5.00 元
畜禽养殖场消毒指南	8.50 元
现代中国养猪	98.00 元
科学养猪指南(修订版)	23.00 元
简明科学养猪手册	9.00 元
科学养猪(修订版)	14.00 元
家庭科学养猪(修订版)	7.50 元
怎样提高养猪效益	9.00 元
快速养猪法(第四次修订版)	9.00 元
猪无公害高效养殖	12.00 元
猪高效养殖教材	6.00 元
猪标准化生产技术	9.00 元
猪饲养员培训教材	9.00 元
猪配种员培训教材	9.00 元

猪人工授精技术100题 6.00元
塑料暖棚养猪技术 8.00元
猪良种引种指导 9.00元
瘦肉型猪饲养技术(修订版) 6.00元
猪饲料科学配制与应用 9.00元
中国香猪养殖实用技术 5.00元
肥育猪科学饲养技术(修订版) 10.00元
小猪科学饲养技术(修订版) 7.00元
母猪科学饲养技术 9.00元
猪饲料配方700例(修订版) 10.00元
猪瘟及其防制 7.00元
猪病防治手册(第三次修订版) 16.00元
猪病诊断与防治原色图谱 17.50元
养猪场猪病防治(第二次修订版) 17.00元
猪防疫员培训教材 9.00元
猪繁殖障碍病防治技术(修订版) 9.00元
猪病针灸疗法 3.50元
猪病中西医结合治疗 12.00元
猪病鉴别诊断与防治 13.00元
断奶仔猪呼吸道综合征及其防制 5.50元
仔猪疾病防治 11.00元
养猪防疫消毒实用技术 8.00元
猪链球菌病及其防治 6.00元
猪细小病毒病及其防制 6.50元
猪传染性腹泻及其防制 10.00元
猪圆环病毒病及其防治 6.50元
猪附红细胞体病及其防治 7.00元
猪伪狂犬病及其防制 9.00元
图说猪高热病及其防治 10.00元
实用畜禽阉割术(修订版) 8.00元
新编兽医手册(修订版) 49.00元
兽医临床工作手册 42.00元
畜禽药物手册(第三次修订版) 53.00元
兽医药物临床配伍与禁忌 22.00元
畜禽传染病免疫手册 9.50元
畜禽疾病处方指南 53.00元
禽流感及其防制 4.50元

以上图书由全国各地新华书店经销。凡向本社邮购图书或音像制品,可通过邮局汇款,在汇单“附言”栏填写所购书目,邮购图书均可享受9折优惠。购书30元(按打折后实款计算)以上的免收邮挂费,购书不足30元的按邮局资费标准收取3元挂号费,邮寄费由我社承担。邮购地址:北京市丰台区晓月中路29号,邮政编码:100072,联系人:金友,电话:(010)83210681、83210682、83219215、83219217(传真)。